U0827843

澜湄水资源合作研究丛书
LANMEISHUIZIYUANHEZUOYANJIUCONGSHU

澜湄水资源合作交流与示范

周智伟 汝楠 胡波 罗祥生 邓翠玲 等 著

长江出版社
CHANGJIANG PRESS

澜湄水资源合作研究丛书

编委会

参编人员（以姓氏笔画为序）

王志飞　韦人玮　邓翠玲　毕宏伟　刘　陶

汝　楠　许　凯　李　浩　杨　琳　何子杰

佟宇晨　张先员　张汶海　陈　卫　林玉茹

罗祥生　周　敏　赵树辰　胡　波　徐　驰

高　明　郭利娜　曹慧群　董林垚　程东升

翟红娟

总前言

GENERAL PREFACE

澜沧江—湄公河发源于中国，依次流经缅甸、老挝、泰国、柬埔寨和越南，既是联系六国的天然纽带，又是沿岸国民众千百年生息繁衍的摇篮。2016年，澜湄六国携手共同建立了由上下游国家参与的全方位合作机制——澜沧江—湄公河合作(简称“澜湄合作”)。澜湄六国一致同意在澜湄合作框架下共建澜湄国家命运共同体，确定了“3+5合作框架”，即坚持政治安全、经济和可持续发展、社会人文三大支柱协调发展，优先在互联互通、产能、跨境经济、水资源、农业和减贫领域开展合作。

澜湄合作因水而生，因水结缘。自澜湄合作机制启动以来，水资源合作经历了培育期、快速拓展期，现已阔步迈入全面发展的新阶段。作为澜湄合作的旗舰领域之一，澜湄水资源合作风生水起，结出了累累硕果。在机制建设方面，六国定期举办澜湄水资源合作部长级会议和论坛，成立了澜湄水资源合作联合工作组，设立了澜湄水资源合作中心，积极推进水资源领域协商对话、经验交流和项目合作。在共同应对水旱灾害方面，中国作为上游国家，充分发挥澜沧江水利工程调丰补枯作用，尽最大努力保障合理下泄流量，多次应湄公河国家需求提供应急补水，积极与湄公河国家携手应对全球气候变化影响。在信息共享方面，中国水利部自2020年开始正式向湄公河国家提供澜沧江全年水文信息，并开通澜湄水资源合作信息共享平台网站，积极同澜湄流域国家开展水资源数据、信息、知识、经验和技术等方面的共享。在惠民项目合作方面，中方联合湄公河国家积极争取中国—东盟海上合作基金、亚洲区域合作专项基金、澜湄合作基金等资金支持，在水资源规划、山洪灾害防治、应对水旱灾害、小流域综合治理、供水工程建设、学科体系建设、监测能力提升、大坝安全、人员交流与能力建设方面申报了系列项目，全方位、宽领域、深层次提高湄公河国家水利基础设施建设和管水、用水、护水能力。近年来，澜湄水资源合作政策对话与技术交流进一步加强，流域信息共享进程进一步加快，防洪抗旱应对能力进一步提高，民生保障工程效益进一步发挥。

《澜湄水资源合作研究丛书》由长江出版社和澜湄水资源合作中心组织长期从事澜湄水资源合作的专家、学者编写。《澜湄水资源合作研究丛书》共5册，以澜湄流域内国家水资源项目务实合作为主线，围绕水资源整体情况、水资源管理、水资源相关科学研究成果、水资源务实合作项目成效、水资源合作机制建设等领域，详细介绍了在澜湄合作机制下澜湄水资源合作第一个金色五年取得的丰硕成果，是充分展现澜湄六国友好合作和中国水利服务构建澜湄国家命运共同体的书籍。

我们相信，《澜湄水资源合作研究丛书》的出版，将有助于社会各界更加全面、科学地认识澜湄流域、澜湄六国和澜湄水资源合作，更加系统、翔实地了解中国水利参与共建澜湄国家命运共同体的实践。同时，丛书在编写过程中既重视学术性，也强调可读性，力求将与澜湄水资源合作相关的专业知识通俗准确地介绍给更为广大的读者群体。

作　者

2023年6月

前言

PREFACE

澜沧江—湄公河发源于我国青海省玉树藏族自治州杂多县唐古拉山，境内称为澜沧江，出境后称作湄公河，流经中国、缅甸、老挝、泰国、柬埔寨和越南六国（简称“澜湄六国”），是亚洲第三大河、世界第六大河，有“东方多瑙河”之美称，哺育了沿岸3亿多民众。澜沧江—湄公河流域是连接我国与东南亚、南亚地区的重要纽带，地理位置十分重要，是“海上丝绸之路”的桥头堡，也是我国处理与东盟关系、南海问题、应对美国“印太战略”的重要抓手。2016年，为响应李克强总理2014年11月在第17次中国—东盟领导人会议上提出的倡议，澜湄六国共同建立了由上下游国家参与的全方位合作机制——澜沧江—湄公河合作（简称“澜湄合作”）。

澜湄合作通过政治安全、经济和可持续发展、社会人文这三大支柱，以及互联互通、产能、跨境经济、水资源和农业减贫合作五大优先领域，共同促进澜湄国家命运共同体建设。水资源作为生命之源、生产之要和生态之基，直接关系到各国经济社会发展、生态环境保护和人民生活福祉。水资源领域的合作也将会惠及其他方面。2017年6月，澜湄水资源合作中心正式成立，并作为澜湄水资源合作的秘书处，承担澜湄合作相关的政策研究、平台建设、技术交流、项目管理以及培训宣传等工作，服务澜湄水资源合作走深走实。据不完全统计，自澜湄水资源合作开启以来，在中国—东盟海上合作基金、亚洲区域合作专项基金、澜湄合作基金的支持下，中国或中国与湄公河国家共同申报实施了50多个涉水项目，为下游民众带来了诸多实惠，切实提升了湄公河国家水资源利用与管理水平，增强了湄公河国家人民福祉。

澜湄水资源合作以项目为依托，在惠民工程建设、区域水资源规划、科学研究、信息共享、人员交流与能力建设方面取得了丰硕的成果，广受湄公河国家好评。本书基于澜湄水资源合作进展，主要选取中国—东盟海上合作基金“澜沧江—湄公河水资源合作”“中国—东盟国家防洪抗旱应急管理合作”，澜湄合作基金“澜湄国家山洪灾害防治技术推广与示范”“澜湄国家典型小流域综合治理示范”等系列项目的典型成果，详细介绍了澜湄六国在水资源合作领域的技术交流与工程示范工作，凝练和展示澜湄水资源合作成果，为后续澜湄水资源合作提供参考。全书共分为8章：第1章从自然地理、社会经济等方面详细介绍了澜湄流域及湄公河五国的具体情况，并从水资源开发合作历程介绍了湄公河委员会和澜湄水资源合作两大澜湄地区影响力较大的水资源合作机制；第2章至第7章分别从培训交流、山洪灾害治理、水资源学科体系建设、防洪抗旱、小流域综合治理、水资源及生态环境保护等六个方面，选取系列具有代表性和典型性的案例，从背景、做法和成效等方面介绍和展示澜湄水资源合作成果。其中第2章介绍了在澜湄水资源合作机制下开展的典型交流培训项目，出席和参加培训项目人员的工作单位和职称职位均为当时的情况。第8章为澜湄水资源合作总结与展望。本书的出版将促进社会各界进一步了解澜湄流域情况、澜湄各国现状和澜湄水资源合作情况，对社会各层级在水资源领域更好与湄公河国家开展合作具有一定的参考价值和借鉴意义。

本书第1章由胡波、邓翠玲执笔；第2章由张先员、薛瑶执笔；第3章由董林垚、李昊执笔；第4章由曹慧群、马瑞执笔；第5章由韦人玮、乔延军执笔；第6章由林玉茹、杨琳执笔；第7章由翟红娟、陈佼妮执笔，第8章由罗祥生、邓翠玲执笔。全书由周智伟、汝楠、胡波、罗祥生统稿。

作　者

2023年6月

目录

CONTENTS

第 1 章　澜湄水资源合作简介

CHAPTER 1

1.1　澜湄流域概况

澜沧江—湄公河发源于中国青海省唐古拉山脉岗果日峰的扎曲，流至昌都后始称澜沧江，藏语拉楚，意思为“獐子河”。随后一路向南流经中国西藏自治区和云南省，至云南省南腊河口出境，出境之后改称湄公河，继续流经缅甸、老挝、泰国、柬埔寨、越南五国，于越南胡志明市注入南海。澜沧江—湄公河是东南亚最大的国际河流，支撑着沿岸六国数千万人民的生产和生活，被誉为“东方多瑙河”。

1.1.1　自然地理特征

澜沧江—湄公河流域位于 94°E～107°E 和 10°N～34°N，澜沧江—湄公河全长约 4880km，流域面积 79.50 万 km^2。其中，中国境内的澜沧江干流长达 2161km，流域面积 16.44 万 km^2。湄公河在缅甸为缅老界河，河长 265km，流域面积 2.46 万 km^2。老挝境内河段长 1987.7km(其中 265km 为老缅界河，976.3km 为老泰界河)，流域面积 20.20 万 km^2。泰国境内河段长 976.3km，为老泰界河，流域面积 18.40 万 km^2。柬埔寨境内河段长 501.7km，流域面积 15.50 万 km^2。越南境内河段长 229.8km，流域面积 6.50 万 km^2。澜沧江—湄公河在各国的情况见表 1.1-1。澜沧江支流众多，上游以类乌齐河口为界，全长 556km，山势一般较平缓，河谷平浅，年径流深为 200mm；类乌齐河口至功果桥为中游峡谷区，全长 821km，河床坡降大，谷形紧窄，水面宽 120m 左右，年径流深为 400～700mm；功果桥以下为下游，两岸山势降低，窄谷与宽谷相间出现，年径流深为 200～400mm。

表 1.1-1　　流域内各国河流长度、省份、地区、流域面积等情况统计表

国家	河流长度/km	占比/%	流域内省份/个	流域内地区/个	流域面积/万 km^2	占比/%
中国	2161	44.3	3	11	16.44	20.68
缅甸	265(缅老界河)	5.4	1	—	2.46	3.09
老挝	1987.7	40.7	17	133	20.20	25.41
泰国	976.3(泰老界河)	20.0	25	364	18.40	23.14

续表

国家	河流长度/km	占比/%	流域内省份/个	流域内地区/个	流域面积/万 km^2	占比/%
柬埔寨	501.7	10.3	23	171	15.50	19.50
越南	229.8	4.71	22	151	6.50	8.18

数据源:湄公河委员会秘书处"Annual Report,1993"、《湄公河开发利用与管理》。

澜沧江—湄公河流域北部隔唐古拉山与长江上游的通天河相毗邻,东部的静宁山脉、云岭山脉和无量山脉是上游澜沧江与金沙江和红河的分水岭,西部隔唐古拉山及延伸的怒山山脉与怒江并行一路向南,以他念他翁山脉作为与怒江的分水岭。澜沧江流域地势整体上呈西北高东南低,由北向南呈条带状分布,流域内地形起伏剧烈,地理条件复杂多变,图 1.1-1 为河道纵断面示意图。西藏昌都以上为上游,属青藏高原,地处唐古拉山褶皱带,地面海拔多在 4500m 以上,保存着较为完整的高原地貌,高山终年积雪,冰川发育较好,一般山势较平缓,干流河谷稍宽,沿河谷有阶地发育,具有平浅河谷特征。湄公河流域最高海拔在 2800m 以上,越南三角洲海岸地区海拔最低为 0m。湄公河根据地形地貌可划分为北部高原、呵叻(Khorat)高原、洞里萨湖流域和湄公河三角洲四个部分。北部高原包括老挝北部和泰国北部。在这一区域河谷陡峭,其中西部山谷是黎府—碧差汶褶皱带的一部分。在清盛和会晒附近,湄公河及其支流较宽,形成洪泛区。呵叻高原包括泰国东北部和老挝部分区域,为长宽各约 500km 的蝶状山间盆地,湄公河支流蒙河和锡河穿流其间。洞里萨湖流域西部及中部地形起伏变化不大,北部及西南部以呵叻高原南山脊和豆蔻山脉为边缘。湄公河三角洲始于金边湄公河和巴萨河分岔处,是湄公河下游及其 9 条岔道入流南海时形成的冲积平原。

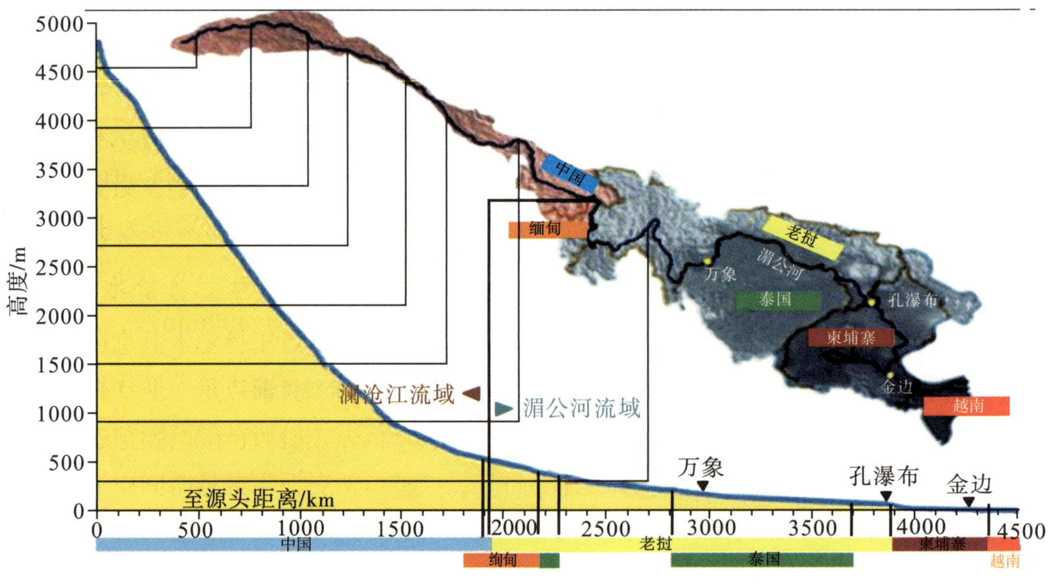

图源:湄公河经济,2016.(Mekong River In the Economy,2016.)

图 1.1-1 澜沧江—湄公河从源头到三角洲河道纵断面示意图

1.1.2 水文气象

澜沧江—湄公河流域位于亚洲热带季风区，受季风气候的影响，干湿季分明，降水年内分配不均。湿季从 5 月份起，一直持续到 9 月下旬，主要受西南季风的影响。西南季风从海上携带大量水蒸气，在澜沧江—湄公河区域产生丰富的降雨。夏季降水约占全年降水量的 50%，而汛期则集中了全年 75%的降水。10 月以后，随着西南季风的减弱和衰退，从大陆吹来的东北季风将从 11 月持续到次年 3 月，其相对干燥，水汽来源减少，几乎无降雨。澜沧江流域大部分地区年降水量约 1000mm，最高可超过 2500mm，最低则少于 800mm。湄公河流域年降水量从泰国东北部的 1000mm 左右上升到老挝、柬埔寨、越南境内山区边境的 4000mm 左右。

澜沧江流域北部为高寒山区，春秋较短，南端低谷终年如夏。中游大部分地区四季如春。流域内气候类型多样，年均气温从 21℃下降到 4.7℃，海拔每升高 1000m，气温下降 5～7℃。湄公河流域内气温变化比较均匀，年均气温 25～27℃。

澜沧江—湄公河自北向南流经了高原气候区、亚热带季风气候和热带季风气候区，地理单元和社会经济形态差异明显。在河源至河口，其河谷展布、水系发育、水文特征、水资源时空分配及开发利用和水环境灾害等方面地域分异明显。澜沧江—湄公河流域受西南季风影响，左岸迎风坡为多水带，右岸背风坡为少水带。因此左岸水系较右岸水系发育，产水量也远高于右岸，约占全流域水量的 70%。

澜沧江—湄公河流域水系发达，支流众多，呈羽状水系分布。据统计，流域面积 $100km^2$ 以上的支流有 138 条，$1000km^2$ 以上的有 41 条，1 万 km^2 以上的有 3 条。澜沧江支流河长超过 100km 的有 13 条。湄公河干流河谷较宽，多弯道，经老挝境内的孔瀑布(Khone)进入低地，到柬埔寨金边与洞里萨河(Tonle Sap)交汇后，进入越南三角洲。湄公河干流流经柬埔寨金边后，开始分叉为前江和后江两支，而后在越南境内，河道又分成六支，共分为九个河口入海，故入海河段又名“九龙江”。

1.1.3 社会经济情况

澜沧江—湄公河流域居住着 7000 多万人口(2010 年)，主要从事农业、渔业。其中作为发源地的中国澜沧江流域人口约占全流域的 10%；湄公河流域人口约占全流域的 90%，且大多居住在老挝、泰国、柬埔寨和越南的湄公河平原、南部高地、呵叻高原等下游区域，湄公河沿岸 15km 约居住着湄公河流域 40%的人口。近几十年来，虽然湄公河流域国家经历了经济快速增长和转型期，给沿岸各国人民带来了福祉，但在湄公河流域，仍有数百万人生活在缺乏清洁饮用水和电力等基本设施的环境中，而湄公河国家也正在追求一系列的发展目标，以促进经济发展和改善人民生活。

表 1.1-2　　澜沧江—湄公河流域各国人口和经济情况统计表

国家	人口数量/万人	GDP/亿美元
泰国	6979	5016
柬埔寨	1672	258
中国	141092	147227
越南	9734	2712
老挝	723	191
缅甸	5441	799

数据源：世界银行。

流域内各国的经济、社会发展的程度差距较大，各国人口和经济情况统计见表 1.1-2。从流域内国家的人口和 GDP(2020 年)来看，中国、泰国和越南是区域内经济社会发展较好的国家，老挝、缅甸和柬埔寨发展水平相对较低，被联合国列入最不发达国家行列。近年来，在积极地实行体制改革、产业结构调整、扩大对外开放的同时，流域内各国将促进经济发展作为主要目标，积极寻求与他国合作，促进资源优势互补和社会经济发展，提高区域整体实力和竞争力。

1.2　湄公河五国基本情况

1.2.1　缅甸

(1)地理位置

缅甸联邦共和国(简称“缅甸”)位于亚洲东南部、中南半岛西北部，地处 9°58′N～28°31′N 和 92°20′E～101°11′E 之间。缅甸北部和东北部与中国毗邻，东部和东南部与老挝和泰国相连，西南濒临印度洋的孟加拉湾和安达曼海，西部和西北部与孟加拉国和印度接壤，海岸线长 2832km。缅甸国土面积约 67 万 km^2，是中南半岛面积最大的国家，约占中南半岛总面积的三分之一。

(2)地形地貌

缅甸地形较为复杂，以高山和高原为主，地势整体从北向南倾斜，北部的开卡博峰海拔 5881m，是缅甸乃至东南亚地区的最高山峰。西部山脉、勃固山脉和东部山脉海拔较高，伊洛瓦底江和锡塘三角洲海拔较低。缅甸的主要河流如伊洛瓦底江、萨尔温江为南北走向。山脉和河流把整个国家大致分为四部分：西部山地、东部高原、若开沿海和中部平原。

西部山地与西藏高原南部喜马拉雅山脉相连，自北向南延伸，海拔多在 2000～3000m 左右，交通极为不便。东部高原是缅甸最大的地质构成单元，海拔在 1000m 左右，山地起伏，存有少量平坝和湖泊盆地。而这些地势相对低平的区域成为了东部高原经济相对较为发达的区域。中部平原是东部高原和西部山地之间的河谷和平原，土地肥沃，灌溉系统较为完善，是缅甸最主要的农业区域，加之交通便利，是缅甸的中心区域，也是缅甸历代王朝的都城。若开沿海地区是缅甸相对独立的地理单元，若开山脉将其与缅甸其他国土分开，在山脉与大海之间形成了一个狭长的沿海地带。该地区平原较少，多为山地。其中北部实兑附近拥有卡拉坦河和莱茂河形成的冲积平原，人口较为集中，经济也相对发达。

（3）气象水文

缅甸受印度西南季风的影响，属于热带季风气候，全年气温变化较小。大部分区域在北回归线以南，属于北热带；小部分在北回归线以北，属于北温带。缅甸雨量丰沛，大部分地区年降雨量在 2000mm 以上，但伊洛瓦底江中游降雨量最少，是缅甸典型的干旱区。缅甸受西南季风的影响，全年可分为热季、雨季和凉季三个季节。每年 3 月至 5 月中旬为热季，除沿海地区偶有降水外，其他地区一般无降水，而且蒸发量较大；5 月中旬至 10 月为雨季，各地的降雨量占全年降雨量的 90%以上；11 月至次年 2 月为凉季，天气晴朗，气候温和宜人。

缅甸国内河流密布，水资源丰富。主要河流有伊洛瓦底江、萨尔温江、锡当河和湄公河，支流遍布全国。其中伊洛瓦底江、萨尔温江和湄公河均发源于中国。伊洛瓦底江为缅甸的“母亲河”，全长 2714km，也是缅甸的第一大河。伊洛瓦底江在缅甸境内长 2030km，由北向南流经缅甸北部山区、中部干燥地区和南部三角洲，依次流经克钦邦、曼德勒和仰光等六个省份，在缅甸有 30 多条支流，流域面积约 43 万 km^2，入海口平均流量为 1.36 万 m^3/s。萨尔温江为缅甸第二大河，发源于中国西藏东部唐古拉山脉，在中国称“怒江”，全长 2816km，在缅境内长 1660km，流域面积约 20.5 万 km^2。锡当河发源于掸邦高原西南部，南流注入安达曼海莫塔马湾，全长 420km，是缅甸的主要河流之一。锡当河流域位于勃固山脉和掸邦高原之间，流域面积 5.6 万 km^2。锡当河河谷宽阔，流速缓慢，多曲流，下游改道频繁，且易泛滥。

1.2.2　老挝

（1）地理位置

老挝人民民主共和国（简称“老挝”）位于北回归线以南的南亚大陆和南洋群岛之间的陆桥位置，地处 13°54′N～22°05′N 和 100°05′E～107°38′E 之间，是中南半岛地区唯一一个内陆国家，国土面积约 23.7 万 km^2，人口约 723 万（2020 年统计数据）。老挝北邻中国，南接柬埔寨，东临越南，西北毗邻缅甸，西南以湄公河为界与泰国接壤，与中国接壤。

（2）地形地貌

老挝境内山峦起伏，连绵成片，约 80%的国土为山地和高原，低山丘陵和平原谷地相对较少。平原和盆地多分布在湄公河沿岸或山中局部地区，约占国土面积的 20%。老挝地形南北长东西窄，全境地势北高南低，由西北向东南倾斜。全国分为上寮（北部）、中寮（中部）、下寮（南部）三部分。上寮为山地，海拔 500～1500m，局部地区超出 2000m。中、下寮地区的东半部是长山山脉西坡的中低山，地势和缓，山顶多平坦的夷平面。东半部山脉有较多东西走向的山口和隘道，是老挝与越南的交通要道。山脉西侧南、北各有一片高原，北为甘蒙高原，其西坡的南巴屯石灰岩谷地有开采历史较久的锡矿；南为波罗芬高原，由玄武岩构成，土壤肥沃，森林茂密，是老挝发展热带经济作物、林业和畜牧业的基地。中、下寮地区西半部主要为万象以南的湄公河沿岸，是国内主要农耕地带，地下蕴藏着岩盐和石膏。

老挝地貌大致可分为北部山地、东南部高地、西部低山丘陵地和西南部平原低地四个地貌区。北部山地地质构造属于老挝北部中生代褶皱带和缅甸-马来褶皱带的衔接处。老挝东南部为富良山脉西坡，地质构造属于老挝北部中生代褶皱带、顺化-他曲海西褶皱带和印度支那古陆的一部分，经过长期的风化和雨水侵蚀，绝大部分地区已呈高原状态、坡度较为缓和。西部低山丘陵地包括老挝中、上寮的沙耶武里省西南部、万象省西南部和波里坎塞省的西部地区，海拔约 300～1000m，且呈不连续分布状态。西南部平原低地主要分布在万象地区及其以南的湄公河沿岸，大多为平原低地。

(3)气象水文

老挝属于热带、亚热带季风气候，终年炎热，季节性温差变化不大，全年没有春夏秋冬之分，只有干湿季节之分。其中 5—10 月为雨季，11 月至次年 4 月为旱季，整体气候呈现高温多雨的特征，雨季降水约占全年降水的 75%以上。老挝全境处于北回归线以南的中南半岛东侧，平均气温在 20～26℃，1 月气温最低，5 月气温最高。

老挝境内河流众多，流程 200km 以上的河流有 20 余条，主要河流有湄公河及其支流、朱江和马江的上游。其中发源于中国的湄公河是老挝境内最大的河流。湄公河在老挝境内的长度为 1877km，流经老挝 90% 的土地，湄公河在老挝境内有 100 多条支流，总长约 6000km，有 4 条支流长度在 300km 以上，14 条长度在 100～300km，支流和干流水能资源丰富，支流的水电开发条件更为优越。北部支流源头为川圹高原北部山地，支流呈东北—西南走向；南部支流均发源于富良山脉，支流呈东西走向。湄公河的流量在旱季和雨季相差很大，据琅勃拉邦省的统计，雨季流量是旱季流量的 2 倍多，在万象和巴色等地流量的季节性差异更大。

1.2.3 泰国

(1)地理位置

泰王国(简称“泰国”)地处 5°37′N～20°27′N 和 97°22′E～105°37′E，位于东南亚半岛中部，是中南半岛的门户。泰国北部和东北与老挝接壤，北部和西部与缅甸交界，西南濒临安达曼海(印度洋)，东南临泰国湾(太平洋)与柬埔寨为邻，东南疆域沿克拉地峡向南延伸至马来半岛，与马来西亚相接。泰国国土面积为 51.3 万 km^2，国土面积位居东南亚国家第三，仅次于印度尼西亚和缅甸。泰国南北纵向长为 1620km，东西最宽处为 775km，陆地边界线长 3400km，海岸线长 739.6km。

(2)地形地貌

泰国地形丰富多样，拥有山岭、峡谷、高原、平原、洼地和海洋等多种地形，地势整体呈西北高东南低态势。其中北部和西部多峡谷和高山，风光秀丽；中部为湄南河形成的平原，土壤肥沃，物产丰富；东北部以高原为主，经济以农业为主；南部为临海半岛，拥有广阔的沙滩。全国可分为北部和西部内陆山区、东北部高原地区、中部平原地区、东南沿海地区和南部半岛地区5个自然区。

(3)水文气象

泰国属于热带气候，光照充足，空气湿度较大，年平均气温高于20℃，平均降水量约为1500mm。全年可分为热、凉、雨三个季节，其中3—5月为热季，降雨较少，气候炎热干燥，4月是全年中最热的月份；6—10月属于雨季，受西南季风影响，降雨量较大；11月到次年2月为凉季，受东北季风影响，气温较低，降雨较少，1月是气温最低的月份。由于泰国地形复杂，不同地区同一时节的气候也不尽相同。整体而言，北部气温较低，南部半岛地区终年湿润温热；东北地区降水较少，临海地区降水丰沛，局部地区年降水量能到4500mm以上。

泰国河流众多，水资源丰富，人均占有可再生水资源约为6000m^3。泰国共有河流66条，总长度约为1.5万km，主要的河流有湄南河、湄公河和蒙河三条，流域面积占泰国国土面积的65%。湄南河又称"昭披耶河"，是泰国最重要的河流，总长度约为1352km，流域面积约占泰国国土面积的30%，达17万km^2。湄南河发源于泰国西北部的掸邦高原，流至南部平坦地区，形成湄南河三角洲，最后注入曼谷湾。湄南河两岸有广阔的中部平原，是泰国面积最大的平原，面积约为4万km^2，是泰国的粮食盛产地区之一，素有"泰国粮仓"之美称。每年9—10月为湄南河的汛期，汛期洪水常侵扰曼谷。湄公河是泰国的另一条重要河流，其干流是老挝和泰国的天然分界线。颂堪河和蒙河均为湄公河的支流。其中蒙河是泰国东北部呵叻高原上的最大河流，上游源于桑坎彭山脉，大致由西向东流，在泰、老边境的挽兰注入湄公河。

1.2.4 柬埔寨

(1)地理位置

柬埔寨王国，简称柬埔寨，位于中南半岛东南部，地理坐标为10°20′N～14°32′N、102°18′E～107°37′E。柬埔寨南北最长处约440km，东西最宽处约650km。柬埔寨东部、东南部和越南接壤，边界线长930km，西南部濒临泰国湾，海岸线长约460km，西部和北部与泰国相邻，边界线长720km，东北部与老挝交界，边界线长400km。柬埔寨国土面积约为18万km^2，在东南亚国家中面积排名第8位。

(2)地形地貌

柬埔寨地形特点为东、北、西三面环山，中央为大平原，西南面是面向泰国湾的出海口，类似一个“带缺口的大锅”。高原、山地和平原分别占国土面积的29%、25%和46%。根据地势起伏特点，柬埔寨大致可分为西南、西北、东北和中部4大区域。西南地区为洞里萨湖与泰国湾中间的区域，包括菩萨省、戈公省、贡布省、磅士卑省和磅清扬省，面积约为2.6万km^2，主要由豆蔻山脉和象山山脉组成，在柬埔寨内地与泰国湾之间形成了天然屏障，使得台风无法北上进入柬埔寨内地。山脉西南部分布着港湾和滨海平原，其余地区则是深山密林。西北地区包括马德望省、班迭棉吉省、奥多棉吉省和柏威夏省，面积约为1.8万km^2，位于其北部的扁担山山脉自西向东延伸300km，将柬埔寨与泰国分开。扁担山山脉山形狭窄、山顶平缓，形似扁担。东北地区包括上丁省、腊塔纳基里省、桔井省、蒙多基里省和磅湛省的部分区域，面积约为5.2万km^2，分布着东部高原、上川龙高原、磅湛高原和多乐高原，除多乐高原外，其他高原地势较为平缓，海拔在100～500m。多乐高原中部地形稍低，向北和向南逐渐升高，分布着大面积的火山熔岩，经过长期风化后形成了肥沃的土地，是柬埔寨重要的旱地农业地区。中部地区以洞里萨湖和湄公河为核心，包括金边市、干丹省、茶胶省、波罗勉省、柴桢省的全部以及磅士卑、磅清扬、磅同、暹粒、磅湛、上丁、桔井、菩萨、马德望等省的部分地区，面积约8万km^2。洞里萨盆地—湄公河低地构成了柬埔寨最大的地理单元。柬埔寨中部地区在远古时期是一个大海湾，由于湄公河从上游带来大量泥沙淤积，遂使河口不断向外延伸，形成了今日的大平原。洞里萨湖周围地势平坦，海拔低于110m。河流湖泊众多，土地肥沃，人口稠密，交通发达，物产丰富，是柬埔寨著名的鱼米之乡；而湄公河及其支流周围地区，地势低洼，最高海拔只有32m，最低处海拔仅为3m。

(3)水文气象

柬埔寨位于北回归线以南，属于热带季风气候，降雨丰富，气温较高，常年如夏。柬埔寨全国多年平均降雨量在2000mm左右，降雨时空分布不均。受地形和季风的影响，柬埔寨西南地区降雨量大于其他地区，西南沿海的豆蔻山、象山南端等地区年降雨量可超过5000mm，而中部平原的金边以东地区，由于四周山脉的阻挡，来自海洋的水汽无法到达，因此降雨量较小，在1000～1500mm左右。柬埔寨没有四季之分，只有旱季和雨季，雨季为5—10月，降雨量约占全年的90%；旱季为11月至次年4月，受东北热带季风的影响，降雨量较小，气温较高。

柬埔寨国内大小河流纵横交错、湖泊沼泽众多，水资源丰富。湄公河及其支流水系、独流入海水系构成了柬埔寨的主要水系。其中，大部分为湄公河及其支流水系，独流入海水系仅分布在西南沿海地区、东南地区，分别汇入泰国湾和南海。除湄公河外，柬埔寨境内的主要二、三级河流共有20余条。大部分河流属于洞里萨湖流域群。湄公河是柬埔寨最大的河流，在柬埔寨境内长500km，也是柬埔寨的主要水道，湄公河在柬埔寨先后流经上丁、桔井、磅湛、干丹4省，到达金边后，在皇宫前的四臂湾与洞里萨河汇合，然后分为前江和百色河(后江)两支。柬埔寨境内的湄公河水位受季节的影响较大，雨季水位高，流量大，通航条件好，每年9—10月湄公河的水位最高；旱季则相反。

洞里萨河全长 155km，是湄公河在柬埔寨的最大支流，也是柬埔寨的第二大河流。洞里萨河将湄公河与洞里萨湖联系起来，是洞里萨湖的出海口，由西北向东南延伸，在金边附近注入湄公河。每年雨季湄公河水位上涨时，洞里萨河河水从金边流向西北方，把水注入洞里萨湖；枯水季节时，湄公河水位下降，洞里萨河河水则由洞里萨湖流向东南方，湖水流入湄公河，起到调节水位的作用。

洞里萨湖是柬埔寨最大的湖泊，同时也是中南半岛最大的湖泊。低水位时，洞里萨湖面积约 2500km^2，雨季湖泊面积达 1 万 km^2。洞里萨湖的湖滨平原平坦、广阔，土地肥沃，河道纵横，其间多沼泽地，和湄公河三角洲一起组成了柬埔寨"中部大平原"，是柬埔寨重要农业区及稻米产地。洞里萨湖接受湄公河带来的丰富养分，无论是旱季还是雨季，湖内鱼虾资源丰富，是柬埔寨北部的主要"肉食仓库"，湖的周围有 300 万以上居民直接或间接地以渔业为生。

1.2.5 越南

(1)地理位置

越南社会主义共和国，简称越南，位于亚洲东南部，太平洋西岸的南部，地理坐标为 8°10′N～23°24′N、102°09′E～109°30′E。越南自北向南呈狭长状，中间窄两头宽，南北最长处约 1640km，北部东西最宽处约 600km，南部东西最宽处约 400km，中部的广平省最窄，东西间距仅 50km。越南陆地面积 32.95 万 km^2，人口约为 0.97 亿(2020 年统计数据)。越南北部与中国云南省和广西壮族自治区接壤，中越边界线长达 1150km，中越边界地区山势险恶、地形复杂，有两条重要通道，一条是从越南首都河内向北，由同登经友谊关出境与广西的凭祥相连通；另一条是从河内向西北，由老街出境与云南的河口相通。这两条通道均有公路和铁路。越南的西部与老挝和柬埔寨相连。其中越南西北和中部地区均有通向老挝的通道。柬埔寨和越南的边界线长 900km，边界地区地势平坦，交通状况良好。

(2)地形地貌

越南地势西北高，东南低，山地和高原面积约占全国国土面积的 75%，平原面积仅占 25%。越南的山地主要集中在越南的北部和中部地区，其中中部地区几乎都是山地，长山山脉贯通南北；北部越中边界山地地形十分复杂，悬崖峭壁、嶙峋山石等屡见不鲜，山上荆棘丛生，林深树密。越南平原分为北部平原和南部平原，因盛产稻谷被誉为越南的"谷仓"，也是越南的主要农业产区。越南平原整体地势低平，北部平原内部河堤密布，南部平原则是沟渠相交。越南北部平原范围主体为红河三角洲。南部平原即湄公河三角洲平原，面积约 5 万 km^2，是越南面积最大最肥沃的平原。南部平原的东北部地势较高，有大片耕地；中间地区地势平坦、渠道密布，水上交通十分便利，大量土地被开垦；西南地区是新冲积成的平原，土地还未被大量开垦，发展农业的潜力巨大。

(3)水文气象

越南处于北半球热带地区，由于南北狭长，地势复杂，同时受大陆和海洋季风的影响，各地的温度和降水量差别比较明显。越南北方有明显的四季之分，夏季高温多雨，冬季寒冷潮湿；南部只有旱季和雨季之分，每年5—10月为雨季，11月至次年4月为旱季。南部和中部的降水主要集中在秋季，而北部的降水主要集中在夏季。越南南方最大降水时段出现在雨季，且7月降水量会出现一个短暂的回落，呈现出双峰型降雨；越南北方降水呈现的则是明显的年周期变化，最大降雨时段出现在每年的6—8月，从4月开始降水迅速增加，到8月突然减少，完成年循环。

降水强度和季节变化异常会给当地带来洪涝或干旱，而热带气旋引起的大风和暴雨天气会对社会生产（尤其是农业和渔业）造成巨大损失。越南较大的河流有红河、湄公河（九龙江）、沱江（黑水河）、泸江和太平河等。其中最大的两条河流湄公河和红河形成了广阔肥沃的两大平原。越南河流全年可分为汛期和枯期，汛期占整年水量的70%～80%，并经常导致水灾。湄公河的下游河段九龙江是越南南方的主要河流，孕育了越南最肥沃和最适于耕种的土地。湄公河在越南的河段长为220km，流域面积为4900km^2。湄公河入海口每年向大海延伸约60m，不断扩大越南南部平原。

1.3 水资源合作发展历程

1.3.1 水资源早期开发

澜沧江—湄公河在中国境内称为澜沧江，出境后被称为湄公河，素有“东方多瑙河”和“黄金水运通道”之称。澜沧江—湄公河因其丰富的水能资源成为东南亚国家的能源宝库，因其丰富的生物资源成为世界上生物多样性最丰富的地区之一。澜沧江—湄公河拥有丰富的水资源、水能资源、水生生物资源，却并未给沿岸国家和人民带来富足的生活，柬埔寨、老挝和缅甸至今仍是世界上最不发达的国家。开发澜沧江—湄公河，提升生活水平，改善落后面貌，发展经济，是沿岸国家和人民的愿望与梦想。

1.3.2 下湄公河流域调查协调委员会

20世纪50年代之后，湄公河流域国家在国际组织和其他经济较发达国家的帮助和支持下，开始对湄公河进行有计划的大规模开发。二战结束后，老挝、柬埔寨和越南先后获得独立。为了促进经济发展和稳定政局，包括泰国在内的湄公河下游四国对开发湄公河水资源，实现国家经济社会发展和改善人民生活水平的需求不断增强。在联合国亚洲及远东经济委员会的主导下，1957年9月成立了下湄公河流域调查协调委员会（简称“下湄委会”），负责促进、协调、监督和控制湄公河水资源开发计划规划和调研。下湄委会具有双重属性，一方面，它要向成员国负责；另一方面，作为联合国亚洲及远东经济委员会的一部分，它必须对联合国负责。

下湄委会由成员国大会和附属机构(执行代理局、咨询委员会)组成。四个成员国各派由一名具有技术知识和政治外交经验的主权大使率领的代表团参加成员国大会。下湄委会执行代理办公室最初只设置了 4 个全职岗位,至 1970 年,已发展成拥有 66 个全职岗位的秘书处。其中半数以上的岗位薪资由联合国教科文组织特别基金提供,其他的由联合国儿童基金会、美国、荷兰等国家和组织提供。

1957 年 9 月,在曼谷召开的预备委员会上,《下湄公河流域调查协调委员会章程》得到四个成员国通过,并在 10 月召开的下湄委会第一次大会上通过修改稿。章程规定了下湄委会的地位、成员国"一致同意"原则和议事规则。该章程规定,下湄公河委员会并非独立的国际机构,它仅是一个协调组织,没有决策权和协议签署权,对正在实施的工程项目没有明确监督权。"一致同意"原则中有两个基本性约定,即下湄委会大会流域国家必须全体参与,下湄委会的决定四个成员国须一致同意。"一致同意"原则有助于维护成员国之间的平等性、相互依赖和相互尊重,能加快下湄委会的工作进程,赋予其强大的执行力,然而也存在某国意见不一致造成执行力下降的风险。下湄委会的议事规则规定,下湄委会每年举行三次常规大会,由四个成员国按照字母顺序轮流担任主席国,在成员国或亚远经委会执行秘书长的要求下,随时可以举行特别会议。除特殊情况,所有会议均为闭门会议。

1964 年下湄委会增设了秘书处和经济研究两个部门。1975 年 1 月,下湄委会所有成员国签署了《下湄公河流域水域利用原则联合声明》,这成为之后各国在水资源开发领域的主要行为规范和管理下湄公河流域合作开发的基本法律文件之一。下湄委会成立后,规划了许多宏大的干支流开发计划,但由于下湄公河区域前期基础数据积累不足,因此 1965 年之前,主要以收集数据、勘察调研和工程可行性分析为主,之后根据下湄委会流域开发计划,确定了一些优先开发项目,如老挝的南俄水电站和泰国的南邦水电站。1975 年前后,由于中南半岛政治局势不稳定,影响了水文、地理、气象等基础数据的收集,进而影响了下湄委会的流域开发机会,湄公河流域水资源开发的势头和力度逐渐减弱。1975 年,随着美国等西方国家大幅削减对下湄委会的资金支持,加之柬埔寨退出该机制,下湄委会工作机制陷入僵局。直到 1978 年,老挝、越南和泰国三国重新组成临时下湄委会。临时下湄委会仍遵循原下湄委会签署的联合声明,由于柬埔寨的退出,导致干流工程无法开展,加之临时下湄委会成立之初,工作机制和各国合作意图不太明确,其工作局限于支流的小型工程,无法开展规划的干流工程和全流域开发管理工作。

1.3.3　湄公河委员会

1991 年,柬埔寨表达了重新加入临时湄委会的诉求,经过多次谈判,柬埔寨、老挝、泰国和越南四国于 1995 年 4 月 5 日在泰国清莱签订了《湄公河流域可持续发展合作协定》,确定了理事会、联合委员会以及秘书处三级工作机制,标志着湄公河委员会(以下简称"湄委会")的诞生。湄委会对水资源的开发从过去大规模建坝转变为致力于实现水资源可持续开发与管理，以实现保护湄公河流域的环境、自然资源、水生生物和水生条件以及生态平衡。湄委会取代了 1957 年的下湄委会和 1978 年的临时下湄委会，成为湄公河流域新的流域管理机制，重点在湄公河流域综合开发利用、水资源保护、防灾减灾、航运安全等领域开展合作。1996 年，中国和缅甸成为湄委会对话伙伴。

湄委会组织结构图见图 1.3-1。湄委会有三个常设机构，分别是理事会（部长级）、联合委员会（司局级）和秘书处。理事会是湄委会最高权力机构，专司制定政策、解决争端的职责，负责监督湄委会的所有活动。联合委员会由成员国代表组成，职责为执行理事会所制定的政策和决议，监督秘书处的活动。秘书处直接对联合委员会负责，并在联合委员会的领导下执行理事会和联合委员会的决议和委派的相关任务，应理事会和联合委员会的要求提供技术和行政服务，负责湄委会日常工作。

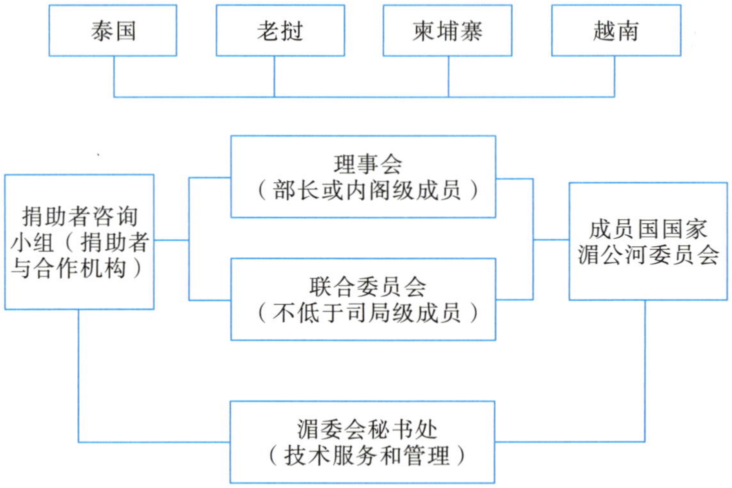

图 1.3-1　湄委会组织结构图

目前，湄委会秘书处共设有两个办事处，分别位于柬埔寨金边和老挝万象，共有员工约 150 人。其职能是负责召集成员国举行区域性会议并就联合规划、协调及合作提供技术咨询。它也与四国的相关协调机构、各国国家湄委会及其他国家机构开展密切的合作。

湄委会除以上三个常设机构外，还包括各成员国国家湄委会和捐助者咨询小组。国家湄委会除负责协调湄委会在各成员国内部的工作外，还负责协调各成员国在湄委会的表现。捐助者咨询小组作为国际捐助者与湄委会官员之间的沟通桥梁，每年召开会议，解决双方关切的问题。

湄委会的主要目的是可持续开发、利用、管理和保护流域水资源，包括灌溉、水力发电、防洪、航运、渔业、旅游和娱乐等各个方面，出发点为各方获取最大的共同利益和实现资源的多样化利用，尽量减少由人为因素或自然因素引起的不利影响。自 1995 年湄委会成立以来，为实现流域水资源公平合理可持续利用，共实施了 12 个计划，分别是农业与灌溉计划、流域发展计划、气候变化和适应行动、干旱管理计划、环境计划、渔业计划、洪水管理计划、信息与知识管理计划、可持续的水电议程、综合能力建设计划、湄公河水资源综合管理计划、航运计划。

由于湄公河四国在湄公河所处位置不同、经济发展状况不同、利益诉求不同等原因，四国对待湄委会的工作态度和在湄委会的影响力也不同。湄委会属于国际组织，目的就是建立成员国共同认同和遵守的准则与制度，在不侵犯其他利益方的前提下，使得成员国的利益最大化。湄委会的主要作用有：

(1)制定流域整体开发原则。1995 年通过的协定对湄公河水量分配和使用做出了较为具体的安排。协定将水分为干流和支流两种，对属于一国领土内的支流部分，如有开发计划仅需告知其他成员国即可。2003 年，湄委会成员国在 1995 年协定的基础上签订了“通知—事前协商—同意”程序，简称“PNPCA”程序。在此指导下，若成员国有在湄公河支流上进行跨流域调水或开发干流水资源的计划，需将可行性研究报告、实施方案、计划表等相关文件通过其国家湄委会提供给湄委会，秘书处在确认材料符合相关要求后提交联合理事会，由联合理事会告知其他成员国，在秘书处的协调下进行技术评估和公众咨询，在评估的基础上，各方将考虑是否批准该项目，达成最终协议。

(2)开展研究，建立信息共享平台。湄委会在收集资料的基础上，积极开展与湄公河地区水资源相关研究，并发布研究报告，为成员国开发湄公河提供理论依据。截至 2021 年，已发表各种形式的流域年度报告 30 多篇和流域发展计划 6 篇。湄委会十分重视基础资料的收集工作，为了获得较为全面的水文信息资料，自 1947 年，下湄公河委员会在沿岸国家建立了大批水文观测站。2002 年 4 月，湄委会秘书处与中国签署技术合作协议，中国将无偿向湄委会秘书处提供澜沧江—湄公河汛期水文资料，2010 年开始，中国方面向湄委会提供澜沧江旱季水文数据。2020 年 10 月 22 日，中国与湄委会秘书处签署了全年水文数据共享协议。湄委会在流域内鱼类资源、地理水文信息、农业动态、航道航运、生态环境等方面积累了丰富的数据，同时也成为各方信息共享的平台。

(3)开展对话，协调各方利益。在湄委会的主持下，围绕澜沧江—湄公河的水资源利用问题，形成了多种方式的对话途径。主要包括成员国之间的对话、国家首脑峰会、捐助者会议和其他会议。成员国之间的对话即理事会会议。国家首脑峰会即湄委会峰会，已连续举办四届，第一届于 2010 年 4 月在泰国华欣召开，第二届于 2014 年 4 月在越南胡志明市召开，第三届于 2018 年 4 月在柬埔寨暹粒召开，第四届于 2023 年 4 月在老挝万象召开(因新冠疫情推迟)。中国和缅甸均派代表参加了这四次峰会。

1.4 澜湄水资源合作发展进程

1.4.1 澜湄水资源合作机制

2014 年 11 月，李克强总理在第 17 次中国—东盟领导人会议上提出建立澜沧江—湄公河合作(简称"澜湄合作")机制,与现有次区域机制相互补充、协调发展。2015 年 11 月 12 日,澜湄合作首次外长会议在云南景洪举行,宣布正式建立澜湄合作机制,澜湄合作首次外长会发表了《关于澜湄合作框架的概念文件》和《联合新闻公报》,明确了澜湄合作的基本原则与合作方式,讨论了涉及水资源管理、扶贫、公共卫生等方面 70 多个项目的可行性。2016 年 3 月,澜湄合作首次领导人会议在海南三亚举行,全面启动澜湄合作进程。澜湄合作在合作机制目标、重点发展领域和运作方式上达成共识,合作将涵盖三部分内容,一是在政治上致力于加强互信和相互理解,维护和平稳定;二是在经济上实现可持续发展,促进贸易和投资,减少贫困,缩小发展差距;三是在社会文化上,提升人文交流,促进人员往来,民心相通。澜湄合作宗旨为深化澜湄六国睦邻友好和务实合作,促进沿岸各国经济社会发展,打造澜湄流域经济发展带,建设澜湄国家命运共同体,助力东盟共同体建设和地区一体化进程,为推进南南合作和落实联合国 2030 年可持续发展议程作出贡献,共同维护和促进地区持续和平和发展繁荣。根据现阶段各国实际发展情况和需求,澜湄合作确定了 5 个初期合作优先领域,分别是互联互通、产能合作、跨境经济合作、水资源合作、农业和减贫合作。澜湄合作的目标是将流域建设成一个平等互利、团结合作、发展共赢的命运共同体。

澜湄合作机制建立了包括领导人会议、外长会、高官会、工作组会在内的多层次、多领域机制架构(图 1.4-1)。澜湄合作机制的组织框架可以分为外交层面和技术层面两个维度。外交层面不涉及具体领域的具体事务,而是负责澜湄合作机制长远发展的顶层设计、战略规划和政策规划,以及统筹协调和指导技术层面的合作。技术层面负责澜湄合作各领域的具体执行。根据五大优先合作领域,各国派出相应人员成立各领域的联合工作组。

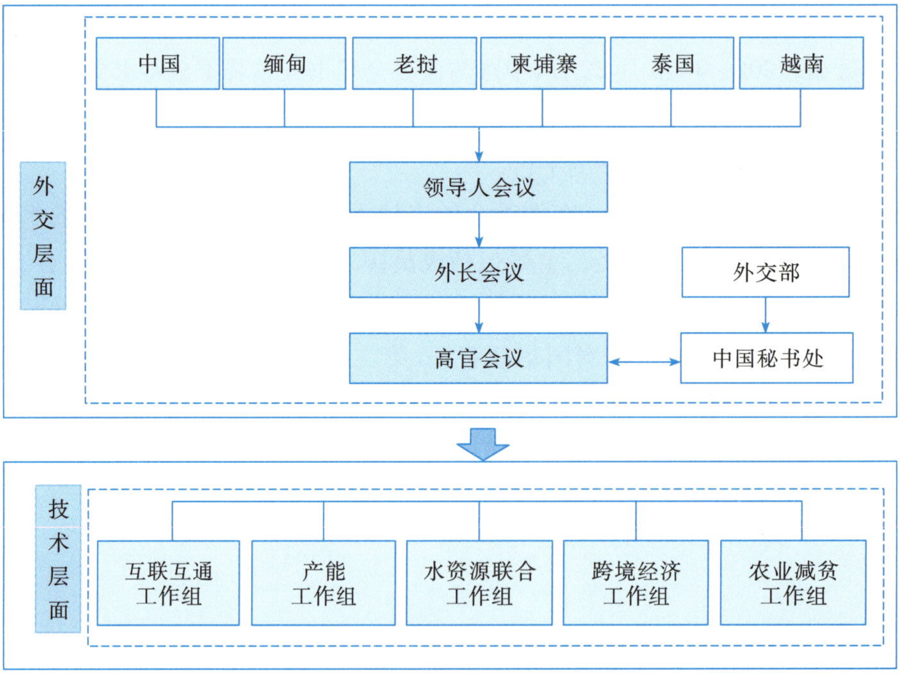

图 1.4-1 澜湄合作机制框架图

澜湄合作因水而生，作为首个由全流域六国发起的合作机制，水资源合作是五大优先合作方向之一。水资源作为生命之源、生产之要和生态之基，直接关系到各国经济社会发展、生态环境保护和人民生活福祉。水资源领域的合作也将会惠及其他方面，比如水资源项目和电网建设将会促进产能和跨境经济合作，河道治理和水资源开发将促进航运的发展和各国互联互通，防洪抗旱能力提升将促进农业合作和地区减贫。2016 年 3 月 23 日，澜湄合作首次领导人会议发表的《三亚宣言》明确提出："通过各种活动加强澜湄国家水资源可持续管理及利用方面合作，在中国建立澜湄流域水资源合作中心，作为澜湄国家加强技术交流、能力建设、旱涝灾害管理、信息交流、联合研究等综合合作的平台。"为落实领导人会议成果，进一步推动澜湄合作走深走实，澜湄水资源合作中心于 2017 年 6 月 8 日在北京正式成立。澜湄水资源合作开启六年多以来，各层次交往频繁，取得了丰硕成果（表 1.4-1）。

表 1.4-1　　澜湄水资源合作主要会议及成果

序号	时间	地点	会议名称	主要成果
1	2014 年 11 月	缅甸内比都	第 17 次中国—东盟领导人会议	中国总理李克强首次提出建立澜沧江—湄公河合作机制倡议
2	2015 年 11 月	云南景洪	澜湄合作首次外长会议	通过《澜湄合作概念文件》和《首次外长会联合新闻公报》，确定了澜湄合作目标、原则、重点领域和机制等内容，同意实施一批早期收获项目
3	2016 年 3 月	海南三亚	澜湄合作首次领导人会议	发表《三亚宣言》和《澜湄国家产能合作联合声明》，通过早期收获项目联合清单，标志着澜湄合作机制全面启动
4	2016 年 12 月	柬埔寨暹粒	澜湄合作第二次外长会议	通过《第二次外长会联合新闻公报》《首次领导人会议主要成果落实进展情况表》和《优先领域联合工作组筹建原则》，提出制定澜湄合作 5 年行动计划
5	2017 年 2 月	北京	澜湄水资源合作联合工作组第一次会议	澜湄水资源合作联合工作组正式成立，通过《澜湄水资源合作联合工作组概念文件》
6	2017 年 6 月	北京	澜湄水资源合作中心成立	为澜湄水资源国际合作交流提供服务。澜沧江—湄公河水资源合作相关政策研究、平台建设与技术交流、相关培训与宣传
7	2017 年 12 月	云南大理	澜湄合作第三次外长会	发布《联合新闻公报》，宣布《2017 年度澜湄合作专项基金首批支持项目清单》

续表

序号	时间	地点	会议名称	主要成果
8	2018 年 1 月	柬埔寨金边	澜湄合作第二次领导人会议	发表《澜湄合作五年行动计划(2018—2022)》和《金边宣言》,通过《澜湄合作第二批项目清单》和《澜湄合作优先领域联合工作组报告》。
9	2018 年 10 月	老挝琅勃拉邦	澜湄水资源合作联合工作组第二次会议	澜湄六国代表讨论《澜湄水资源合作五年行动计划(2018—2022)》和下一步工作计划,并达成一致,签署了会议纪要
10	2018 年 11 月	云南昆明	首届澜湄水资源合作论坛	以“水伙伴合作,促永续发展”为主题,打造水资源政策对话、技术交流和经验分享平台,来自澜湄六国政府部门、科研机构、学术团体、企业以及相关国际组织近 150 名代表参加论坛
11	2018 年 12 月	老挝琅勃拉邦	澜湄合作第四次外长会议	通过《联合新闻公报》,公布了《澜湄合作五年行动计划 2018 年度进展报告》、2018 年度澜湄合作专项基金支持项目清单和《澜湄流域经济发展带研究报告》,发布了澜湄合作会歌《澜湄友谊河》
12	2019 年 4 月	越南芹苴	澜湄水资源合作联合工作组第三次会议	确定《澜湄水资源合作五年行动计划(2018—2022)》六大类合作领域牵头国,统一建立中国直接向湄公河 5 国报汛的水文信息共享机制
13	2020 年 2 月	老挝万象	澜湄合作第五次外长会议	发表《联合新闻公报》,公布《〈澜湄合作五年行动计划〉2019 年度进展报告》
14	2020 年 8 月	老挝万象	澜湄合作第三次领导人会议	发表《万象宣言》,中方宣布开始与湄公河五国分享澜沧江全年水文信息,共建澜湄水资源合作信息共享平台
15	2021 年 6 月	重庆	澜湄合作第六次外长会议	发表《关于加强澜沧江—湄公河国家可持续发展合作的联合声明》《关于深化澜沧江—湄公河国家地方合作的倡议》
16	2021 年 12 月	北京	第二届澜湄水资源合作论坛	以“携手应对挑战,促进共同繁荣”为主题,探讨治水话题,分享治水经验,为推动区域水资源合作,落实联合国 2030 年可持续发展议程涉水目标,共同打造“澜湄国家命运共同体”贡献力量。以线上线下相结合的方式召开,设置一个主旨报告和六个分论坛
17	2022 年	缅甸蒲甘	澜湄合作第七次外长会议	发表《澜湄合作第七次外长会联合新闻公报》,中方提出“六大惠湄举措”,“澜湄兴水惠民计划”是其中的一项内容

1.4.2　澜湄水资源合作愿景

在《三亚宣言》中各国领导人明确了共同的合作愿景，即“促进澜湄沿岸各国经济社会发展，增进各国人民福祉，缩小本区域国家发展差距，支持东盟共同体建设，并推动落实联合国 2030 年可持续发展议程，促进南南合作”，在一致同意采取的具体举措中明确“通过各种活动加强澜湄国家水资源可持续管理及利用方面合作，如在中国建立澜湄流域水资源合作中心，作为澜湄国家加强技术交流、能力建设、旱涝灾害管理、信息交流、联合研究等综合合作的平台”。澜湄合作将以开放包容的精神，不是现行次区域合作机制的替代，而是与现有的湄公河委员会（MRC）、大湄公河次区域经济合作（GMS）、东盟—湄公河流域开发合作（AMBDC）等现有机制互相补充，共同推进区域一体化进程。

1.4.3　澜湄水资源合作成果

在澜湄合作机制正式启动之前，中国与湄公河国家就已经建立了水资源领域合作关系。中国先后参与了缅甸道耶坎水电站设计、泰国防洪应急咨询、缅甸孟东水电站设计、缅甸防洪应急咨询等项目，为湄公河国家水资源开发利用和水资源应急管理等方面提供中国智慧。澜湄水资源合作正式开启之后，六国合作更加紧密，共同践行“共商、共建、共享”的合作原则，实施了一批惠民工程（图 1.4-2），切实改善了湄公河国家人民生活福祉，提升了湄公河国家的水资源综合管理能力和应对洪旱灾害能力，切实增强了湄公河国家应对气候变化的能力。澜湄水资源合作领域主要集中在人员交流、能力建设、区域水资源规划、科学研究、信息共享、工程建设等方面。在人员交流方面，先后与武汉大学、河海大学等中国知名水利高校联合开展水利工程专业硕士班、水资源高层次人才计划等，促进湄公河国家水利青年人才培养，提升湄公河国家水利人才后备力量；每两年举办一次澜湄水资源合作论坛，促进水资源领域合作沟通与交流。在能力建设方面，先后开展防洪抗旱及水资源综合管理研讨会、防洪抗旱技术培训会、水文监测技术培训班、高级水资源管理人才培训、农村水利技术研讨会等活动，全面提升湄公河国家水资源相关管理人员的技术水平和管理能力，助力湄公河国家水资源管理提质升级。在区域水资源规划方面，先后开展柬埔寨国家水资源综合规划、老挝境内重点河流流域综合规划、缅甸粮食主产区灌溉发展规划等项目，为相关国家水资源规划提供顶层设计，指导后期水资源开发、利用与保护。在科学研究方面，先后开展水生态区划研究、降雨预报方案研究、应对气候变化联合研究等学术研究，加深对澜湄流域生态、水文响应等规律、现状和未来变化的理解，为合理开发利用流域水资源提供参考与指导，为正确认识流域水资源及其变化情况提供科学基础。在信息共享方面，澜湄六国就共建澜湄水资源合作信息共享平台达成一致，致力于将平台打造成集信息交流、知识分享、数据共享、应用服务于一体的综合平台，服务深化澜湄水资源合作各项事宜；同时中国水利部于 2020 年 11 月 1 日起正式向湄公河五国及湄公河委员会秘书处提供澜沧江允景洪和曼安两个水文站的全年水文信息，提升澜湄六国共同应对流域洪旱灾害等挑战的能力，促进六国水资源可持续发展。在工程建设方面，先后实施了老挝国家水资源信息数据中心建设、山洪灾害防御合作与示范、柬埔寨国家水资源科学技术研究院学科体系建设及配套措施示范建设、澜湄甘泉行动、大坝安全监测等一批惠民项目，切实改善了湄公河国家民众生活环境，增强了湄公河国家水资源监测、管理与利用能力。

图 1.4-2　各类合作掠影

在澜湄水资源合作机制中，领导人会议、外长会议、部长级会议制定水资源合作政策，引领水资源合作方向；澜湄水资源合作联合工作组制定水资源合作顶层设计，推动水资源合作项目实施；澜湄水资源合作中心作为澜湄水资源合作的秘书处，负责沟通、协调、管理项目实施进度，助推水资源合作走深走实；澜湄水资源合作论坛作为社会各界开展交流与高端对话的平台。

澜湄水资源合作联合工作组原则上由各成员国水行政主管部门、外交部和其他相关机构的司局级官员或合适代表和工作人员组成；负责水资源领域合作顶层设计，就澜湄六国开展水利技术交流、能力建设、旱涝灾害管理、信息交流、联合研究等合作事宜进行联络、协商、决策，并规划和督促实施水资源合作项目，就水资源合作项目协助开展各自国内相关部门的沟通。水资源联合工作组每年举行一次例行会议商讨具体合作事宜、协调解决相关问题。会议按国家名称英文字母顺序在澜湄六国轮流举行，各国工作组根据任务选派人员参会。会议设双主席，由东道国和中国联合主持。根据工作需要，经联合工作组商定，可不定期举行特别会议。如遇重大问题，联合工作组可提议举行高官级特别会议。

1.4.4 澜湄水资源合作特点

澜湄水资源合作作为澜湄合作的旗舰领域，具有合作基础牢，合作领域广和合作进展快等特点。

合作基础牢，多层次互动富有活力。澜湄合作是澜湄流域内六国秉承“共商、共建、共享”精神建立的全流域合作机制，摆脱域外国家的控制，具有牢固的合作基础，尤其是中国政府在水资源合作中积极有为，大大增强了该机制的活力。2018 年 1 月，六国联合发布《澜沧江—湄公河合作五年行动计划(2018—2022)》，其中工作架构第三条中明确了“完善领导人会议、外长会、高官会、外交和各领域联合工作组会组成的多层次机制框架，加强澜湄六国国家秘书处或协调机构间的沟通与协调，探讨建立澜湄合作国际秘书处”。澜湄水资源合作不仅在领导人会议、高官会、外交层面积极推动，而且在技术层面形成了“澜湄水资源合作联合工作组”，并于 2017 年正式成立了“澜湄水资源合作中心”，发挥了重要的平台支撑作用。以水资源合作为例，澜湄合作机制成立以来，在该机制下，中方邀请 800 余名湄公河国家的官员、专家来华参访、交流。参观的项目既有三峡、南水北调、长江防洪工程等大型基础设施，也有绿色小水电、节水灌溉、农村供水、小流域治理等民生工程，专家们还多次考察澜沧江梯级水库。此外有约 130 名湄公河国家涉水部门的官员、专家在河海大学、武汉大学攻读硕士学位。澜湄合作富有活力，已经形成了“领导人引领、全方位覆盖、各部门参与”的架构。

合作领域广，务实合作特点突出。2016 年 3 月澜湄合作领导人会议期间通过了《澜沧江—湄公河国家产能合作联合声明》，并通过了包含 45 个项目的“早期收获项目联合清单”。2017 年 12 月第三次外长会联合新闻公报宣布《2017 年度澜湄合作专项基金首批支持项目清单》，散发“首次领导人会议和第二次外长会成果落实清单”。2018 年 1 月散发了《澜湄合作第二批项目清单》，李克强总理在澜沧江—湄公河合作第二次领导人会议上提出建议：“加强水利设施建设等产能合作……中方拥有性价比高的水利电力装备和工程建设力量，在大型水利枢纽、平原打井、山区中小型水库等建设方面经验丰富，适合湄公河国家需求。中方支持企业按照可持续发展理念，在湄公河国家参与建设一批水电站、水库、灌溉、饮水工程，实现合作共赢。”澜湄合作采用“政府引导、多方参与、项目为本”模式，全面调动官产民各方资源，促进区域一体化，缩小各国发展差距，通过各领域的全面合作进一步深化澜湄国家务实合作。

合作进展快，有进一步深化空间。水资源合作是澜湄合作的旗舰领域，六国涉水部门成立了司局级的水资源联合工作组，统筹协调推动水资源领域各项务实合作。中方于 2017 年正式成立了澜湄水资源合作中心，并于 2018 年 11 月和 2020 年 10 月成功举办了两届澜湄水资源合作论坛，加强政策对话、信息交流、技术合作，组织了一系列澜湄六国的技术交流与合作，积极打造共建共享的水资源合作平台。在澜湄水资源合作中心的协助下，澜湄水资源合作联合工作组制定了《澜湄水资源合作五年行动计划(2018—2022)》，积极申请每一年度的亚洲合作资金(整合了澜湄合作专项基金、中国—东盟海上合作基金)项目，水资源领域各项合作进展喜人，创造了“天天有进展、月月有成果、年年上台阶”的“澜湄速度”。目前，澜湄水资源合作中心的支撑工作得到了湄公河五国的积极评价，五国均表示愿以合适的方式支持中心建设，并希望中心在澜湄水资源合作中发挥更加积极的作用。时任国务委员兼外长王毅出席澜沧江—湄公河合作第四次外长会后表示：“澜湄六国三年前播下的合作种子，不仅破土而出、生根发芽，而且茁壮成长、日新月异。我们要继续发扬‘澜湄精神’，保持‘澜湄速度’，释放‘澜湄活力’，推动澜湄合作不断迈上新台阶。”

第2章 水资源开发管理技术交流与培训

CHAPTER 2

2.1 湄公河国家水资源开发管理现状与需求

2.1.1 湄公河国家水资源开发管理现状

(1)缅甸

缅甸背倚喜马拉雅山系东段，面向广阔无垠的印度洋，其疆域范围内不仅拥有发达的河流水系，也拥有绵长的海岸线。缅甸水资源丰富，境内八大流域占国土面积的90%，其淡水资源占亚洲12%，占东盟国家16%。丰富的淡水资源和海水资源为缅甸的农业发展以及海洋产业的发展奠定了基础，然而，由于经济发展水平和技术限制，缅甸水资源利用率不足5%，供水、堤防、灌溉等水利基础设施较为缺乏。随着日益加剧的经济活动对水的需求日益增加，缅甸水资源压力也越来越大。此外，缅甸河流、湖泊和湿地水质受到不同程度的污染，导致国家水安全形势更为严峻。

为了实现对水资源的有效开发与利用，缅甸各届政府，特别是民选政府上台以来，致力于探索水资源综合治理方案，并积极扩大对外合作。缅甸政府立足于水资源管理的现状，通过与政府组织、非政府组织、私人部门和国际组织合作，逐渐形成了一套综合水资源管理机制。2013年7月，缅甸成立了国家水资源委员会，由副总统担任负责人，并由交通与通信部的28位资深专家组成专家组。国家水资源委员会主要负责水资源相关的各级部门、组织之间的协调事宜，为缅甸建立起一套综合的协调机制，能够对一切水资源相关的活动进行监督、审查、指导或支持，以实现包容性的水资源治理。在2013年的水资源全国委员会会议上，缅甸副总统表示，应在今后10年内建立水资源利用的系统化管理体系，加强水资源管理体系法律法规、政策框架制订，加强立法过程的透明度，加强与国际非政府组织、专家、社会组织和人民的联系和合作，以确保国家“绿化”水平和经济社会可持续发展。2014年，缅甸政府呼吁采取水资源综合管理方案，解决水资源管理的矛盾和问题。为了适应水资源综合管理的工作需要，2014年3月缅甸第一部综合性水资源政策出台，涵盖了对水域、河流、湖泊、水库、地下含水层、海岸带和海洋的管理。该政策的主要目的是以一种综合性的、统一的、社会包容的方式，实现对缅甸的水资源开发、共享和治理；通过为当前和未来的社会、环境和经济发展提供充足、安全的水源，以有效减少贫困，实现国家绿色和可持续发展。

(2)老挝

作为东南亚的内陆国家，水资源是老挝基础性的自然资源和战略性的经济资源，在国民经济发展过程中具有不可替代的作用。得益于老挝优越的气候条件，老挝水资源十分丰富，是东南亚地区水资源最为充裕的国家。与此同时，北高南低的地势赋予了老挝丰富的水能资源。水资源作为老挝的基础性资源，为老挝经济社会发展作出了巨大贡献。老挝是典型的农业国家，生产水平和生产力较低，而水资源是农业的命脉，水资源为老挝农业发展贡献了巨大力量，同时，作为战略性资源，老挝水电行业每年解决了大量的就业问题，创收占老挝国内生产总值的3%左右。虽然老挝水资源、水能资源丰富，但开发利用效率不高并且水质污染严重，导致国家水安全形势较为严峻。

为加强水资源开发与管理，2011年，老挝成立了自然资源与环境部，将之前的水资源与环境管理局、水资源局、水文与气象局和水资源与环境研究所职能合并。自然资源与环境部统一负责水资源的开发、利用和保护。法律方面，《宪法》《环境保护法》《水资源保护法》等法律为水资源综合管理提供了法律依据，同时，老挝制定了一系列的行政法规来加强水资源开发与管理。老挝还实施了一系列水资源改革，包括制定《2016—2020年国家水资源战略和行动计划》，并于2017年批准了《水和水资源法》的重大修正案。

(3)泰国

泰国水资源总量较为丰富，但存在降水量时空分布不均和部分地区水质盐碱化严重等问题。地下水是泰国水资源的重要组成部分，是城市生活用水和矿区工业用水的主要来源。泰国是传统农业国，耕地面积占国土总面积的38%，全国约80%的人口从事农业生产。泰国北部特别是呵叻高原区域，耕地面积占全国耕地面积的一半，灌溉设施设备不足，加上干旱和灌溉设施设备老化，灌溉用水需求得不到满足。泰国开发利用湄公河水资源的主要目标是灌溉、水电、航运、渔业等。在经济社会发展导致的需求增长、快速城市化、土地利用变化、老化的城市供水系统和灌溉基础设施、气候变化加剧等因素影响下，泰国的水资源管理面临的压力日益增加。除此之外，泰国水资源管理还面临着许多挑战，如水资源管理方法和总体规划不完善，水资源法律依据有待进一步完善，水资源管理机构职责需明确，人口增加导致食物供应压力增加，毁林开荒致使水土流失日益严重，洪涝灾害频发，水质污染程度持续增加，缺少水质净化和处理的设备与能力等。

泰国水资源专家通过“全球水伙伴”举办了一系列水资源管理、开发利用研讨会，制定了国家长期水资源发展规划和政策，包括水法、水资源管理、水资源分配、水利基础建设、水资源相关宣传与教育、水旱灾害管理等方面。2007年，泰国制定了《泰国水资源法》，针对水资源的所有权、使用、开发、管理，与水资源相关的环境保护、相关主体的权利义务、洪涝灾害的预防、对违反水资源法行为的处罚等重要问题做出明确规定。自2011年发生50年来最严重的洪灾后，泰国日益重视水资源管理及相关设施建设，水资源管理的指导思想和原则也逐步完善。泰国成立了专门机构负责相关政策的制定和实施，设置水资源管理和灾难应急指挥部，建立水资源和气象数据库，对全国地下水实行全面调查，以实现水资源系统化管理，同时泰国也积极参与全球水资源开发合作，获取水资源开发管理的技术和信息。

(4)柬埔寨

柬埔寨江河众多，水资源丰富，但因水利设施严重缺乏或陈旧老化，境内缺水较为严重，特别是旱季，不少地方用水异常紧张。受战乱影响，柬埔寨很多水利工程因年久失修而被废弃。柬埔寨水利基础设施较为薄弱，水资源开发利用率较低，仅为5.6%。农业用水最多，超过全国总用水量的90%，但全国70%的农田得不到灌溉。此外，除了金边和马德望外，柬埔寨各地几乎没有污水处理系统，水污染现象严重。在水资源管理机制方面，柬埔寨有土地和森林管理相关的政策法规，但关于水资源管理的机制和法规较少。柬埔寨对水资源利用缺少长期规划，主要通过授权项目的方式参与水资源规划和开发，但决策过程往往不透明，决策鲜少向公众公布。

自加入湄公河委员会和亚洲开发银行发起的大湄公河次区域发展计划以来，柬埔寨致力于水资源管理立法改革。柬埔寨国家湄公河委员会(NMCs)是各部委在水管理方面的合作机构，在国家层面上协调各部委，并充当国家和地区层面之间的信使。1993年，柬埔寨成立了水利气象部(MOWRM)，负责开发和管理柬埔寨的水资源，并监督灌溉开发和洪水控制，水利气象部还负责淡水和海洋水资源的管理。2007年，柬埔寨出台了《水资源管理法》，对水资源开发利用进行管理。2019年2月，柬埔寨水利气象部宣布，计划成立水资源数据中心，提升五大流域和39个子流域的水资源管理，同时，该中心也是柬埔寨2019—2033年灌溉系统和水资源管理投资计划的一部分。除了加强水资源管理机制建设外，柬埔寨在水利工程建设和水旱灾害防治方面也取得了较大进步，如积极引导私人投资水利，加强民众卫生用水宣传，建设供水设施，加强气象和水文监测体系，完善气象站、水文站、降雨监测站，完善地下水数据，加强预报预警等。

(5)越南

越南水资源丰富，多年平均年径流量为8910亿m^3，是亚洲平均水平的2.8倍，世界平均水平的1.4倍。但越南只有37%的水资源来自国内，剩下63%的水资源来源于邻国流入。除地表水外，地下水对越南的生活、工业和农业活动也十分重要，城市供水约有35%~50%来源于地下水。由于对地下水的过量开采，河内和湄公河三角洲地区出现了不同程度的地面沉降和咸水入侵问题。截至2007年，越南城市供水覆盖率达67%，但供水水质仍有待提升。据统计，2008年农村地区水质达到国家水质标准的仅占37.5%。此外，快速的工业化致使水污染和环境污染形势较为严峻。

随着生活和工业用水的增加，越南水资源需求逐年增加。传统水用户与新型水用户之间出现了竞争与矛盾。在一些地区，由于高密度的经济开发，森林被砍伐，加重了水土流失和泥沙淤积，给当地生态系统带来了不良影响。越南政府于1994年决定建立国家水资源管理系统，1998 年出台了《水资源法》。2006 年，越南制订了国家水资源战略，该战略特别指出"坚持执行供水服务分类补贴体系的政策与机制的重要性，以及确保供水服务成本与效益的重要性"。越南颁布了大量反映水资源综合管理的法规，如水权和水执照，水数据与信息交换，河流流域规划与战略性环境评价等。越南已经建立起用于促进水资源综合管理的包括法律、政策和计划在内的一套健全的法律框架。目前，越南主要的水资源问题是水资源过度开发和水污染缺乏治理。

2.1.2 湄公河国家水资源开发管理提升需求

澜沧江—湄公河是中南半岛最大的河流，为中国西南地区及湄公河五国的生存和发展提供了丰厚的物质基础。湄公河国家拥有丰富的水资源，但由于湄公河五国水利基础设施建设相对滞后，水资源研究管理机制不健全，水资源开发利用与保护相关法律法规缺失，加之经济社会发达程度有限，政府对水资源的管理投入相对较少等原因，湄公河国家水资源开发利用管理方面存在较多短板。主要存在水资源开发缺乏统一规划、水资源保护意识不强、水资源管理体制机制不健全、水资源管理能力较低、水资源从业人员技能有待提升、防洪抗旱能力较低、水资源监测设施设备落后等问题，严重影响了水资源发挥支撑服务经济社会发展的作用。在全球气候变化日益加剧的影响下，频发的水旱灾害也给沿岸民众带来了巨大的生命财产损失，严重制约了区域经济社会可持续发展。湄公河国家水资源开发管理能力提升需求包括以下几个方面。

(1)健全水资源管理机构

水资源管理机构是实施水资源管理的主体，承担水资源开发、利用、保护、规划等方面的职责。高效健全的水资源管理机构对水资源综合管理至关重要。湄公河国家水资源管理机构存在机构设置不合理现象，降低了水资源综合管理能力。比如，湄公河多数国家内部在跨区域、跨流域水资源管理方面存在争端，而水资源管理机构的跨流域(区域)水资源管理职权不明晰，导致遇到跨流域(区域)水资源争端时，无法寻求有能力且有管理职责的机构快速协调解决。泰国过去十几年在水资源管理机构结构调整中虽然减少了机构的冗余，建立了一个集中的、单一的水管理指挥机构，但这些机构在参与规划和水资源相关活动时对当地水资源诉求考虑较少，只关注大型项目，并且忽略了气候、土地利用等变化对水资源带来的挑战。越南自然资源和环境部、农业和农村发展部是主要水资源管理机构，但是水资源管理职责在这两个部门之间，而且与其他部门之间的职责也存在重叠、混淆、分散的情况。老挝水资源管理受地方政府干预明显，缺乏独立性，地方政府往往代表区域利益，很难从合理开发利用和保护水资源角度出发管理水资源，再者，老挝水资源管理部门职责分散，老挝水法规定政府的各个部门都有水资源保护的职能。

因此，湄公河国家需要进一步厘清相关水资源管理机构的职责和职能，充分考虑水资源开发、利用与保护等各项内容和跨流域(区域)水资源协调管理及跨部门协作问题，合理设计水资源管理机构，明确机构主要职能和辅助职能，同时制定管理规则，以加强机构履职能力。进一步加强各机构之间的合作、沟通与信息共享，使各机构形成合力，配合完成水资源开发、利用与管理各项事务，同时使水资源管理与社会其他管理形成有机整体，使水资源更好服务经济社会发展。

(2)完善水资源管理法规体系

完善的法律法规是实施水资源高效管理的前提。水资源管理法规体系是关于水资源的开发、利用、管理、保护过程中所发生的各种社会关系的法律规范的总称，是各项法律、法规和规章构成的有机整体。它既是水利法制体系建设的主要内容之一，也是国家法律体系的一个重要组成部分。制定水法的目的是合理开发、利用、节约和保护水资源，防治水害，是实现水资源的可持续利用，是适应国民经济和社会发展的需要。水资源可持续利用是保障国民经济和社会可持续发展的关键，而确保水资源可持续利用的关键是统一管理、合理规划、优化配置、节水防污。制定和完善水资源管理法规体系是为了更好实现上述目的。

湄公河国家水资源管理法规体系存在法律不健全、法规陈旧与地区和相关国家新阶段发展要求不匹配、法律法规缺乏操作性、各种法规一致性有待加强、法律法规执行力度有待加强等问题，如越南水资源管理法律体系复杂，越南水资源法于 1998 年制定，此外，水资源还受《环境保护法》《灌溉法》等法律的约束。越南专家认为水资源法律文件缺乏详细的指导，存在重叠、碎片化、不一致和不稳定等问题。老挝主要水资源相关法规为《老挝环境保护法》《老挝水法》和《环境评价条例》，囊括了水资源的权属、利用规划、保护、防治与修复等多方面内容，内容涵盖较广，但具体规定不够细致，容易导致执行缺位，导致法律权威与尊严受损。柬埔寨的水资源政策和法规不健全，水资源管理法、国家水资源政策、供水条例等有待审批和实施。

湄公河国家应加大力度完善水资源管理立法体系，针对水资源开发利用、保护等不同方面的内容，进行全方位细致立法。立法要具有一定的前瞻性，如考虑水资源保护、可持续发展、水权交易等；立法要涵盖水资源活动的各个方面，从水资源规划到修复，从城市到乡村，从国内管理到国际合作等；立法要具有可操作性，各项法律之间不应存在冲突，各项执法主体应该明确，确保法律执行到位。

(3)提升水资源管理人员能力

理论基础扎实、技术实力强硬、实践经验丰富的水资源管理队伍是实现水资源高效管理的有力保障。湄公河国家国内教育水平较低，水资源管理人才培育链不健全，国内水资源管理人才缺乏。甚至有的国家水资源相关学科也是最近几年才创立，水资源教育处于起步阶段。如柬埔寨一方面缺乏专业水利人才对水资源开发进行科学规划，利用数学建模、空间技术等现代技术和结合信息技术的分析能力较差，不能为水资源管理和决策提供良好支持；另一方面，公众对水资源的珍贵性和经济价值的认识不足，水资源利用效率较低，浪费水的现象比较常见。缅甸对水资源管理人员和水资源管理后备人员的教育力度不够，水资源专业相关课程设置不合理，导致水资源管理人员能力不足以支撑水资源开发、管理与保护中的各项事务。

注重教育和能力建设是湄公河国家水资源管理的需求之一。湄公河国家应立足自身发展状况和未来需求，加大对水资源管理人员的再教育，同时注重培养更多水资源管理人员生力军，优化大学教学方案，改进教学课程，对水资源管理人员进行理论和技能培训。加大国际交流与培训，吸收国外先进理论、技术和经验，并进行本国适应性研究，使其更好符合本国水资源管理实际。

(4)升级水资源管理设施设备

先进实用的软硬件设施设备是实现水资源高效管理的助手。湄公河国家大多缺乏完备的水利监测仪器、供水和灌溉设施、污水和垃圾处理设施、智能化水利管理系统等先进水利设施设备。如老挝水雨情监测能力比较低，基础设施和管理能力相对薄弱，老挝水文和气象站的观测大多采用委托当地居民进行人工观测的方式进行，且多数监测站点存在观测设施年久失修、断面无法使用、雨量观测设施损坏等情况。水位、雨量等监测数据基本通过人工方式上报数据信息中心。柬埔寨多数地区特别是农村缺乏取水和供水设施，旱季居民取用水存在困难。

完善和升级现有的水利设施设备，包括水资源监测管理和利用基础设施、灌溉设施设备等，是提高湄公河国家水资源综合管理能力的现实需求和必要环节。同时，考虑到湄公河国家缺少研发和制造先进水利设施设备的能力，应加强国际合作，从国外引进先进技术和设备，满足日新月异的管理需求，或派技术专员赴国外先进技术单位学习深造，掌握相关技术和设施设备制作工艺及操作技能。

2.2 中国水资源开发管理现状

2.2.1 我国水资源管理体制现状

水资源管理体制是水资源管理的机构设置和权限划分等方面的体系和制度的总称。一个健全、合理的水资源体制，是合理开发利用和有效保护水资源以及防治水害的重要保证。根据我国国情和水资源的流动性及多功能性等特点，国家对水资源实行统一管理与分级、分部门管理相结合的体制。《中华人民共和国水法》第十二条规定："国家对水资源实行流域管理与行政区域管理相结合的管理体制。国务院水行政主管部门负责全国水资源的统一管理和监督工作。流域管理机构在所管辖的范围内行使法律、行政法规规定的和国务院水行政主管部门授予的水资源管理和监督职责。县级以上地方人民政府水行政主管部门按规定的权限，负责本行政区域内水资源统一管理与监督工作。"同时，《中华人民共和国水污染防治法》第九条规定："县级以上人民政府环境保护主管部门对水污染防治实施统一监督管理。交通主管部门的海事管理机构对船舶污染水域的防治实施监督管理。县级以上人民政府水行政、国土资源、卫生、建设、农业、渔业等部门以及重要江河、湖泊的流域水资源保护机构，在各自的职责范围内，对有关水污染防治实施监督管理。”即在水污染防治方面，主要采取统一监管、分工负责的监管体制。由此可以看出，我国目前采取的是流域管理与行政区域管理相结合的水资源行政管理体制，在主要流域设置流域管理机构行使相应的管理职责，同时，由地方政府设立的环保部门及其他相关部门在本行政区域内行使相应的职责。

我国水资源行政管理机构主要包括水利部、生态环境部、地方人民政府、流域管理委员会、流域生态环境监督管理局等机构。其中水利部是我国水行政主管部门，负责水资源统一管理与保护等有关工作，协调部门之间和地方行政部门之间的水资源工作和水事矛盾，同时，会同有关部门制定水资源开发利用规划，并监督水资源的实际开发利用。环保部门主要管理水污染治理，主要职能为拟定国家环境保护的方针、政策、法规，组织编制水环境功能区划，制定水污染排污总量控制标准和水环境保护标准，对水污染防治实行统一的监督管理。流域管理机构主要为流域管理委员会，为水利部的派出机构，代表水利部行使所在流域的水行政主管职能。

2.2.2　我国水资源开发管理模式的演变

我国水资源开发利用管理经历了以水工程建设、水资源开发为主的“开发为主”阶段，以重视水资源综合利用、实现人水和谐为目标的“综合利用”阶段和以保护水生态、建设生态文明为目标的“保护为主”阶段，在水工程开发管理、水旱灾害防御防治、水资源高效利用与管理、水生态综合治理等方面形成了先进的水科学理论，积累了丰富的实践经验。

(1)以开发为主的水资源开发管理模式

1949 年新中国成立时，国家贫穷落后。为了尽快恢复生产，国家集中力量整修加固江河堤防、农田水利工程，开展了大规模的水工程建设，取得了建设新中国的伟大成就。防洪、抗旱、农田水利、城市供水、水力发电等各项水利事业蓬勃发展，其在国民经济和社会发展中发挥越来越大的作用，具有重要地位。十一届三中全会后经济建设日新月异，而相应的水资源开发利用工程建设速度则相对滞后，且工作重心主要在水资源开发利用方面，还没有太多顾及水资源保护。在改革开放的第二个十年，中国已经积累了一定的大规模开发经验，经济建设速度又进一步加快，形成了大规模开发利用水资源的局面，导致水资源利用量过大、污水排放量超出水环境容量，出现了水资源短缺、水环境污染、水土流失、生态恶化等问题，洪涝、干旱、污染灾害时有发生。

为了开发水资源、防止水患、支撑经济建设，这一阶段修建了一批水工程。全国范围内广泛开展农田水利建设、城乡供水建设、水电开发、水土保持建设以及防洪堤建设。如引滦入津工程、长江三峡水利枢纽工程、黄河小浪底水利枢纽工程等。总体来说，该阶段主要目标是对水资源进行开发利用，同时拓展学术研究领域。我国于 20 世纪 80 年代开展了第一次水资源评价工作，开始思考水资源的科学利用问题，为我国水资源利用和经济社会发展的协调研究奠定了基础。

(2)以综合利用为主的水资源开发管理模式

20 世纪末出现的一系列水灾害、水事活动和水形势变化,为进入 21 世纪后水资源利用与保护的理念、行为和工作带来新的需求和动力。2001 年,人水和谐思想被正式纳入现代治水思想中,成为我国新世纪治水思路的核心内容。2004 年,“中国水周”活动的宣传主题为“人水和谐”,通过大量宣传,让更多的人对人水和谐思想有了深入认识。在其后数年间,我国治水实践始终坚持人水和谐思想,在现代水资源管理工作中以实现人水和谐为目标,重视水资源综合利用、合理利用、科学利用。21 世纪第一个十年虽然重视水资源综合利用和保护,但由于国家和地方投入有限,对水资源保护力度不足,仍出现了一系列问题。如 2009—2010 年全国大范围干旱、2010 年强暴雨引发的甘肃舟曲特大泥石流灾害,这些重大水旱灾害令人震惊。2011 年的中央一号文件《中共中央、国务院关于加快水利改革发展的决定》作出“水利欠账太多”“水利设施薄弱仍然是国家基础设施的明显短板”的科学判断。2012 年 1 月,国务院印发了《关于实行最严格水资源管理制度的意见》,对实行最严格水资源管理制度作出全面部署和具体安排,其核心内容是“三条红线”“四项制度”。

为了利用和保护并举,这一阶段在人水和谐思想的指引下,进行了一系列水工程建设。特别是 1998 年长江特大洪水之后,党中央、国务院对水资源合理利用与有效保护给予高度重视,开始了大江大河治理、病险水库除险加固、重点城市防洪工程建设、行蓄洪区安全建设等工作。大江大河防洪体系由此得到很大改善,但中小河流治理不足,农田水利建设压力较大。此外,为了改善水资源条件、遏制水环境恶化,政府也尝试实施了一些生态调水工程。这一阶段,在新世纪治水新思想的指引下,我国在水资源利用与保护科技支撑方面取得了重大进展。第一,2002 年开始开展全国水资源综合规划工作,对水资源评价和规划的技术、方法进行了完善,并在全国范围内推广应用。第二,水资源可持续利用理论全面指导水资源规划和管理工作。第三,学界开始关注人水和谐理论及应用研究,并涌现出大量的研究成果。中国更加重视水资源综合利用,追求实现人水和谐的目标,从用水总量控制、用水效率控制、排污总量控制全过程进行水资源的开发利用与保护,为实现水资源有效保护提供保障。

(3)以保护为主的水资源开发管理模式

党的十八大报告将生态文明建设提到前所未有的战略高度。2013 年印发的《关于加快推进水生态文明建设工作的意见》,提出加快推进水生态文明建设的部署。除水生态文明建设试点工作外,在水工程建设领域特别强调了水生态的地位和作用。可以说,从此以后的所有水工程规划、建设和管理都要考虑生态的约束作用和保护需求,进入以保护水生态、建设生态文明为目标的水资源保护为主阶段。2015 年 4 月,国务院发布了《关于印发水污染防治行动计划的通知》(即“水十条”),出重拳解决水污染问题。“水十条”以改善水环境质量为核心,为建设“蓝天常在、青山常在、绿水常在”的美丽中国提供保障。这一阶段,国家围绕水生态文明建设、水生态保护,实施了一系列工程建设和制度建设,在水资源利用与保护科技支撑方面进一步取得重大进展。第一，在开展水生态文明城市建设试点工作的过程中，提出了水生态文明建设理论体系和技术方法，并在实践中推广应用；第二，提出了最严格水资源管理理论体系、支撑体系、制度体系以及“三条红线”指标确定方法，并开展了应用实践研究。

2.3 技术交流与培训实施情况

2.3.1 整体情况

在习近平外交思想的引领下，中国高度重视与周边国家的睦邻友好关系，基于“亲、诚、惠、容”的周边外交理念，提出了携手建设更为紧密的中国—东盟命运共同体等合作倡议。目前，我国的水利科学技术已经走在世界前列，建成了很多全世界都为之惊叹的工程，如集防洪、发电和航运为一体的三峡工程，惠及亿万民众和沿线生态环境的南水北调工程等。若能将我国先进的水利科学知识和实践经验与湄公河国家需求相结合，有针对性地将优秀的经验技术输出给湄公河国家，将大幅提升相关国家水资源管理能力、水旱灾害应对能力、供水保障能力和水资源服务国家经济社会发展的能力。

2016 年 3 月，李克强总理在澜湄合作首次领导人会议上强调：“未来 3 年，中方将向湄公河国家提供 1.8 万人年奖学金和 5000 个来华培训名额，用于支持澜湄国家间加强合作。”在澜湄水资源合作机制下，澜湄水资源合作中心和其他单位共同努力，五年来举办了 60 多场内容丰富、形式多样的技术交流与培训活动，累计培训至少 1300 人次，切实提升了湄公河国家在洪旱灾害管理、水资源规划、水文监测、山洪灾害治理等方面的能力，使得水资源更好赋能湄公河国家发展，提升民众生活水平。其中，在中国水利部、教育部的支持下，河海大学与澜湄水资源合作中心联合实施的“澜湄合作”水资源高层次人才计划于 2019、2021 年分别获评教育部“丝绸之路”中国政府奖学金 2019 年优秀项目和 2021 年优先支持项目。通过该项目，中方每年向湄公河国家提供约 30 个奖学金名额，资助留学生赴中国攻读水资源管理及相关的硕士学位，已累计培养 150 多名水利技术人才。

2.3.2 典型培训班开展情况

(1)水资源管理培训

越南境内河流较多，水资源丰富，但水资源开发利用仍存在较为严重的问题。比如河流水系分布不均，加上缺乏水利工程设施，导致水资源整体调蓄能力较差，在用水需求较大时，干旱缺水也时有发生；受地理和地形条件影响，容易遭受自然灾害，如红河和湄公河三角洲地区、中部沿海地区等人口稠密地区经常遭受台风、暴雨、干旱、洪水等水旱灾害袭击，对人民生命财产和社会经济造成较大不利影响；局部地区地下水超采已造成地下水位下降，咸水入侵等不良后果；由于经济发展和经济结构的改变，大量污水排放使得地表水、地下水甚至近海水都受到了不同程度的污染，主要河流下游水质较为堪忧；缺乏全国层面或区域层面的水资源管理总体综合战略或行动计划。在面临洪旱频繁、水资源分配不均、地下水超采严重、水质持续恶化等亟待解决的水资源难题时，越南政府或水行政主管部门应对较为乏力。因此亟待提升越南水资源管理人员，特别是高级政府官员的水资源综合管理能力，从政府层面加强国家对水资源的综合管理和规划，以引导社会合理开发利用水资源，确保水资源服务经济社会发展更可持续。

2019 年 5 月 19 日至 25 日，越南高级水资源管理人员培训班在广州和湖北两地联合举办。此次培训班旨在促进中越两国水资源管理技术交流，提升越南高级水资源管理人员的水资源综合管理能力，并更进一步推进双方务实合作。获得了越方人员的积极响应并得到了越方相关人员大力支持，共有来自越南的 15 名官员及专家参加了此次培训班。培训班采用专题研讨和实地考察相结合的方式进行，共 6 天，湖北段和广州段的时间分别为 2 天和 4 天。围绕水资源综合管理与规划、咸潮入侵、气候变化、大坝安全、水利信息化等方面展开了十余场专题研讨。学员实地参观考察了位于华南农业大学的中英环境科学研究中心、珠江水利委员会珠江水利科学研究院里水科学试验基地、长江三峡枢纽工程及汉口江滩综合治理工程 4 处水利工程和实验基地。

图 2.3-1　开幕式合影(左)和参训学员与主办方合影(右)

通过专题研讨与交流，越南学员增加了对中国先进的水资源管理知识和技术的了解和认识，水资源管理理论水平与实践经验得到显著提升；同时在培训班期间，越南学员还参加了中国文化交流与体验活动，对从民间角度促进两国的文化交流具有重要意义。此次培训班取得了丰硕的成果，受到越方人员的广泛欢迎和高度赞扬。

(2)防洪抗旱技术培训

东盟国家地处热带雨林和热带季风气候区，丰富的地质地貌与多变的气候，使其成为亚太地区乃至世界上最容易遭受自然灾害的地区之一。其中水旱灾害是东盟国家较为常见的自然灾害，也是对东盟国家影响最严重的自然灾害之一。泰国每年因水灾造成的损失超过了其他灾害的总和。2010 年，泰国、越南、新加坡等国遭受了严重的旱灾，流经越南河内的红河水位创下了自 1902 年以来的最低纪录，严重影响了人民的正常生活和生产，阻碍了经济社会发展。因此防洪减灾不仅是社会发展的重要保障，也是保障民生的关键环节。我国在防洪抗旱方面积累了先进的科学技术知识和实践经验，对东盟国家防洪抗旱具有重要参考借鉴意义。同时，开展东盟国家防洪抗旱技术培训，也有利于我国先进水旱灾害防治技术走出国门，造福邻国民众，增加我国水利技术软实力，树立我国负责任大国形象。

2019 年 7 月 25 日至 8 月 1 日，东盟国家防洪抗旱技术培训班在武汉、宜昌、荆州及赤壁等地举办。本次培训班旨在增进中国与东盟国家的战略伙伴关系，助力东盟共同体建设，加强中国与东盟国家开展防洪抗旱应急管理合作，提高各国洪旱灾害防御能力，受到东盟国家的广泛欢迎与好评。共有 30 名来自柬埔寨、印度尼西亚、老挝、马来西亚、缅甸、菲律宾、泰国、越南等 8 个东盟国家的水利官员和技术人员参加了此次培训班。培训班采取专家授课和现场考察相结合方式进行。此外，学员还实地考察陆水水利枢纽工程、陆水三峡试验坝展览馆、长江三峡水利枢纽工程和荆江分洪工程等我国具有代表性的重大水利工程，切实感受了中国防洪抗旱的历史成就和工程技术。

图 2.3-2　学员参观汉口江滩防洪综合整治工程（左上）、陆水水利枢纽工程（右上）、三峡水利枢纽工程（左下）和荆江分洪工程（右下）

防洪抗旱技术培训班开展了 4 场专题报告，访问调研了 4 处防洪抗旱代表性工程，开展了 2 次专题座谈，提升了东盟国家水利官员和技术人员的防洪抗旱理论水平与技术能力，对东盟国家防洪抗旱能力建设具有重要意义。同时，培训班的成功举办拉近了双方管理、技术人员之间的距离，加深了双方对彼此的了解，成为东盟国家水利学者间增进友谊、促进交流的有效途径。培训期间，学员还参加了中国文化交流与体验活动，促进了中国与东盟国家民心相通与人文交流，对打造我国周边命运共同体具有一定现实意义。

(3)水文监测技术培训

近年来,在全球气候变化背景下,东盟国家洪涝、干旱等自然灾害呈突发、多发、并发态势,给当地经济发展和人民生命财产安全造成了重大损失,成为制约区域经济社会可持续发展的重要因素之一。提高水文监测能力,及时获得重要河段水文气象信息,是开展水情预报预警的基础。然而东盟大部分国家由于社会经济尚处于欠发达阶段,对水利设备设施投资有限,加之国内水文相关科学发展较为缓慢,水利专业技术人员缺乏且知识水平有限,亟须通过与拥有先进水利技术的国家开展合作,通过项目交流或培训等方式提升国内水利管理人员和技术人员的专业技能素养,同时引进国际先进水文监测设备设施,双向发力,提升水文监测能力,更好服务水情预报预警,保障人民生命财产安全。我国与东盟国家同处于灾害频发的东亚、东南亚地区,水旱灾害亦给我国打下了痛苦的烙印,如今我国灾害防治能力不断增强,水旱灾害"四预"(预报、预警、预演、预案)能力持续提升,打赢了一个又一个"历史之最"的干旱和"百年一遇"的洪旱灾害攻坚战,使亿万人民得以免受洪旱灾害的侵扰,维护了社会发展成果。在习近平总书记"与邻为善、以邻为伴"和"亲诚惠容"的周边外交理念支持下,中国愿同周边国家共同应对气候变化带来的挑战,共同提升水旱灾害防治能力,共同保障人民生命财产安全。

2020年11月16日至19日,东盟国家水文监测技术培训班以线上方式举办。该培训班旨在提升东盟国家水文监测能力,助力东盟国家构建现代化水文监测网络。共有来自东盟国家,孟加拉国、尼泊尔、巴基斯坦三个南亚国家以及湄委会、国际水管理研究院的政府官员、管理人员及专业技术人员等47人参加。培训班邀请了理论水平高、经验丰富的专家,围绕水文监测业务系统设计与实现、中国水文监测标准相关规范解读、水文预报技术、水文资料整编与审查、长江水文监测方式方法创新与发展、水文自动观测仪器与比测和流域综合管理的关键——水库群联合调度等专题进行授课;组织学员对中国水文应急移动监测设施装备和水文监测高新技术仪器设备进行观摩和学习;指导学员操作澜沧江—湄公河流域水文、雨水情监测和信息平台模块等水利数字设施,并对相关人员进行必要的系统维护和改进培训。课间答疑环节,学员们踊跃提问,围绕7个专题共提出100余个问题,授课专家一一耐心解答。学员们纷纷表示,通过此次培训,对中国的水文监测和预报等相关技术有了更直观的了解,中国经验对各国水文监测具有启发和借鉴,同时希望今后能与中方专家就水文监测和预报相关技术作进一步交流,共同提高各国洪旱灾害防御能力。

培训班通过分享中国水文自动测报系统相关规范、水文预报和水文监测以及水工程联合调度下的流域综合管理等技术,以支持东盟各国提高洪涝灾害防御及水资源管理能力,进一步推动中国与东盟国家的水资源务实合作,增进了我国与重要近邻的战略伙伴关系,有助于推动中国—东盟关系提质升级,打造次区域合作新增长点,助力东盟共同体建设。

图 2.3-3　东盟国家水文监测技术培训班开班仪式现场照片(左)与线上合影(右)

(4)流域综合规划管理研讨会

流域综合规划是指导流域治理开发、保护和管理的纲领性文件，内容包括流域概况、地形地质、经济社会发展预测、总体规划、防洪规划、治涝规划、河道治理规划、水资源评价与配置、城乡供水规划、灌溉规划、水力发电规划、跨流域调水规划、航运规划、水利血防规划等专业规划，干流治理开发与保护规划，主要支流及重要湖泊开发治理与保护规划，规划实施意见及效果分析，结论与今后工作意见等。流域综合规划是合理开发、利用、节约、保护水资源和防治水害的基础和依据，对协调好目前和长远发展关系，开发与保护关系，防洪、供水、灌溉、发电、航运等行业间关系，干支流、上下游、左右岸等区域间关系，有效支撑经济社会环境可持续协调发展具有十分重要的现实意义和深远的历史意义。

为更加全面认识澜湄流域，提升流域综合规划意识与能力，深化澜湄六国在流域综合规划管理领域的技术交流和具体合作，2020 年 1 月 9—12 日，澜湄合作流域综合规划管理研讨会在广州举办。来自澜湄六国水利相关部门、科研单位和企业的技术官员、专家以及世界银行、国际水管理研究院、全球水伙伴、湄委会秘书处、亚洲水理事会等机构的 30 多位代表与中方专家学者就水资源管理规划、流域水旱灾害防御、水资源保护、信息平台建设、大坝安全与运行管理、农村饮水安全等专题深入交流研讨。会议期间，与会代表还参观考察了广州海珠湿地公园和北江大堤等代表性治水治污水利工程。此次研讨会采用主旨发言、特邀报告、案例分享和分组讨论等多种形式，为参加研讨会的学员提供了一场丰富的知识盛宴。

为更好理解主旨发言和特邀报告知识与思想，结合澜湄流域水资源合作未来方向和澜湄流域水资源开发需求等特点，将研讨会学员以流域综合管理、信息平台建设、大坝安全管理与农村引水安全四个议题分为四个小组，分别就推进澜湄六国务实合作想法、共同愿景、理想情况指标、各指标现状、目前缩小差距的措施、进一步缩小差距的措施(未来 2～3 年)、建议执行机构和建议实施机构等方面充分研讨交流。

其中流域综合规划议题的共同愿景是实现澜湄流域从源头到河口的综合规划，既要平衡经济社会发展与环境保护，又要适应气候变化并具有应对气候变化的能力。信息平台建设议题的共同愿景是创建一个全面、可靠、及时、安全且易于访问的数据/信息平台。大坝安全管理议题的共同愿景是实现水电站的规划、勘察、设计、建设和运营中的高质量建设和安全发展。农村饮水安全议题的共同愿景是所有人都可获取安全廉价的饮用水。此次小组讨论可谓是澜湄流域水资源管理的头脑风暴，对推动澜湄水资源合作具有重要意义，事实证明，此次研讨会上的部分内容成为了后期澜湄水资源合作的重点领域和优先方向。

图 2.3-4　流域综合规划管理研讨会开幕式(左)和部分参会代表合影(右)

澜湄流域综合规划管理研讨会是六国共同落实澜湄水资源合作部长级会议共识的重要举措。澜湄国家技术专家通过研讨会加强沟通、分享经验，为澜湄水资源合作建言献策，共同落实好六国部长达成的共识，推动澜湄水资源合作水平再上新台阶。本次研讨会深化了澜湄六国在流域综合规划管理领域的技术交流和具体合作，为深入开展澜湄水资源务实合作奠定了基础。

(5)澜湄国家山洪灾害防治技术培训

湄公河国家山地占比高，降水强度大，贫困人口多，山洪灾害频繁发生。开展山洪灾害防治工作是保障区域经济发展、人民生命财产安全的重要举措。近年来，我国加快山洪灾害防治工程建设步伐，明确了山洪灾害防治“以人为本”的思想和“急用先行”的原则，开展了山洪灾害防治非工程措施试点建设、全国山洪灾害县级非工程措施项目建设、山洪灾害调查评价和重点山洪沟防洪治理等防治措施，在山洪灾害综合防治体系建设、防治减灾效益和山洪灾害防治原创性成果等方面取得了显著的成效。中国在山洪灾害防治领域取得了长足进步，其经验技术可供湄公河国家参考和借鉴。鉴于此，立足澜湄流域各国在山洪灾害防治方面的需求，开展澜湄国家山洪灾害防治技术推广与示范培训，通过培训澜湄流域技术和管理人员，普及山洪灾害形成原理、小流域暴雨洪水形成规律、山洪灾害监测预警技术、山洪灾害工程和非工程措施建设等方面理论与应用知识，增进在山洪灾害防治领域的技术合作，对确保澜湄国家经济可持续发展与人民生命财产安全具有重要意义。

2018 年 8 月 20 日至 29 日，澜湄国家山洪灾害防治技术培训班在武汉和成都举办。培训班邀请了湄公河五国相关技术和管理人员共计 31 人参加。培训采取专家授课与现场考察结合形式进行。其中课堂授课包括流域综合治理、山洪灾害防控历史、非工程措施案例及防御建设实践、中国山洪灾害非工程措施建设成效、定量降水预报进展、澜湄水资源合作情况以及四川省山洪灾害防御建设实践等方面的技术经验。现场考察了长江防洪模型、长江文明馆、三峡工程、都江堰水利工程、金沙江遗址博物馆等。与会代表围绕山洪灾害防治建设与评估、流域综合治理与管理、降水预报进展、沉积物和水质以及澜湄水资源合作等专题进行了技术和案例交流。

图 2.3-5　澜湄国家山洪灾害防治技术推广与示范培训班开班仪式现场照片(左)与合影(右)

(6)“澜湄合作”水资源高层次人才计划

在中国水利部、教育部的支持下，河海大学与澜湄水资源合作中心联合实施了“澜湄合作”水资源高层次人才计划，每年向湄公河五国提供 30 个奖学金名额，资助其赴河海大学攻读水利及相关专业的硕士学位。2017 年以来，学校依托该项目培养了湄公河国家硕士研究生 150 余人，培训湄公河国家留学生 200 人，出版教材 6 部，开展大型活动 30 余次，目前共设立留学生实践基地 12 个。

河海大学为项目所有留学生配备研究生导师，设置项目主管辅导员，提供优质的教学资源和科研资源，为研究生设置专门培养方案。学校开设“水韵课堂”专题课程，邀请校内外知名专家学者开展高水平讲座，特别针对本项目的学生开设了包括“‘一带一路’与水环境利益共同体”等主题在内的多个专题讲座。学校还安排留学生参观大型水利工程项目，参加澜湄水资源合作相关活动，组织“河载万物，海纳百川‘一带一路’”主题论坛、“一带一路”沿线国家留学生座谈会，为各国学员提供交流平台。

2020 年初，为应对突如其来的新冠疫情，河海大学正式启动留学生课程线上教学方案，并及时跟进与调整。学校联系并指导相关教师，及时上线 2 门“教育部来华留学生品牌课程”和 28 门“省级外国留学生精品课程”，面向全社会免费开放。2020 年全年，学校共开设了 257 门线上课程供“澜湄项目”学生选修。根据毕业班留学生科研和论文答辩的需求，制作并翻译了校内电子资源访问指南、研究生线上答辩流程和须知等文件，分发给境内外的外国留学生，热心服务并引导留学生安心在所在地开展科研和学习，将疫情带来的影响降至最低。2020 年，“澜湄项目”的首批学生全部顺利毕业，其中有 3 名学生表现优异，提前一年毕业。

图 2.3-6 “澜湄合作”水资源高层次人才计划开班仪式现场照片(左)与留学生参观南水北调中线工程团城湖调节池合影(右)

图 2.3-7 “澜湄项目”留学生参加 UNDP 水资源管理方案下湄公河国家青年学者联合研究计划答辩

2.3.3 技术交流培训的意义

如何推动澜湄水资源合作走深、走实、走远，妥善应对各种风险挑战，为区域可持续发展与共同繁荣提供有力的水安全保障，是澜湄六国面临的共同课题。这需要各方进一步凝聚智慧，创新思路，共享经验，同题共答。展望未来，中国将与湄公河五国加强团结，深化务实合作，并充分利用已有的项目成果、数据资料、沟通联系渠道，面对澜湄国家水资源利用与保护、水旱灾害频发等共性问题，以水资源合作为切入点，继续深入开展澜湄国家技术交流、培训与能力建设，进一步拓展和深化双方水利务实合作，构建澜湄国家命运共同体，推动澜湄合作取得更大辉煌。积极响应湄公河国家水资源的实际需求，通过技术交流与培训，持续发挥我国资金、技术和人才优势，进一步加强澜沧江—湄公河上下游水资源合作，不断增强湄公河国家水资源综合管理能力，共同应对湄公河流域洪旱灾害、局部地区的水资源短缺等问题和挑战，推进次区域整体发展和振兴，让水资源更好服务湄公河国家经济社会发展，更好赋能澜湄合作走深走实，打造澜湄国家命运共同体，实现互利共赢与区域共同发展。

2.4　效果评估与展望

为进一步提升澜湄合作水资源开发管理技术交流与培训工作成效和学员满意度，依托《澜湄水资源合作五年行动计划（2018—2022）》实施评估，对受访对象关于水资源开发管理技术交流与培训工作的满意度进行收集和分析，同时还收集了受访对象对未来交流与培训的需求。

2.4.1　成效分析

图 2.4-1 为技术交流与培训成效统计图。参加问卷调查的对象一致认为，通过开展水资源开发管理技术交流、培训、研讨等相关活动，增强了水资源开发管理经验分享和技术交流，加强了相关机构能力建设；认为水资源综合管理能力得到增强的占 50%。湄公河国家，特别是老挝、柬埔寨和缅甸，受经济社会发展水平限制，对水资源管理的投入有限，导致水资源开发、利用、管理与保护尚处于起步阶段，多数国家还未健全水资源管理机制与法律体系，缺乏水资源管理专业人员，水资源管理理念、技术和工具较为落后，无法较好应对水资源带来的风险挑战，也无法满足经济社会发展对水资源的要求。澜湄水资源合作以务实合作项目为抓手，逐步提升相关国家水资源综合管理与利用能力。过去六年，澜湄水资源合作在小流域综合治理、洪旱灾害管理、大坝安全、信息共享、学科能力建设、饮水安全、科普教育、水利基础设施建设、水资源利用规划等方面开展了大量惠民项目。为更好提升澜湄国家水资源综合管理能力，让我国成熟的水利技术更多更好惠及湄公河国家，澜湄水资源合作在单独开展技术交流和培训项目的同时，也依托相关合作项目，开展系列培训、研讨和交流，极大传播了我国成熟先进的水利经验、技术和理念，提升了湄公河国家在水资源监测管理、洪旱灾害应对、学科发展、山洪灾害治理和流域规划等方面的能力。

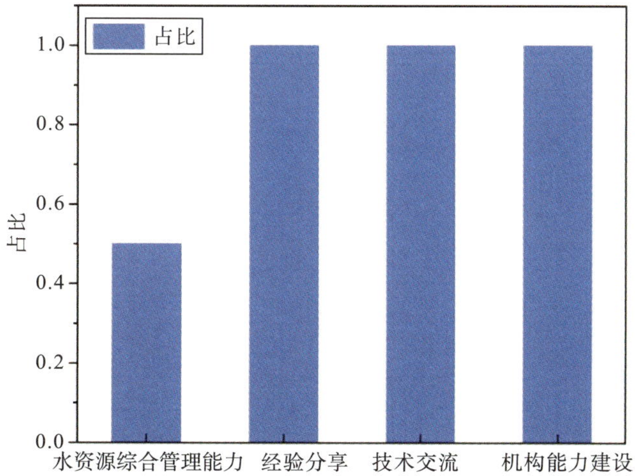

图 2.4-1　技术交流与培训成效统计图（图中纵坐标表示选择水资源综合管理能力、经验分享、技术交流和机构能力建设有所提升选项的问卷数占回收问卷总数的比例）

2.4.2 未来培训方向

湄公河国家未来技术交流与培训的方向主要集中在技术水平提高、人员能力增强、流域规划能力建设、水资源综合管理能力建设、洪旱灾害应对能力建设和降低洪旱灾害损失 6 个方面(图 2.4-2)。其中排名前三的需求是提升洪旱灾害应对能力、水资源综合管理能力提升和降低洪旱灾害损失,分别占比 92%、83%和 75%。因此,澜湄水资源合作技术交流与培训下一阶段应主要聚焦洪旱灾害应对能力提升,如洪旱灾害四预(预报、预警、预案与预演)能力提升、成因分析、适应策略制定等,水资源综合管理能力建设,如水资源规划、水资源保护、上下游协调管理、水环境与生态保护等方面;降低洪旱灾害损失,如防洪抗旱水利工程规划建设与运行调度、公众防灾减灾科普宣传与逃生救援能力等。

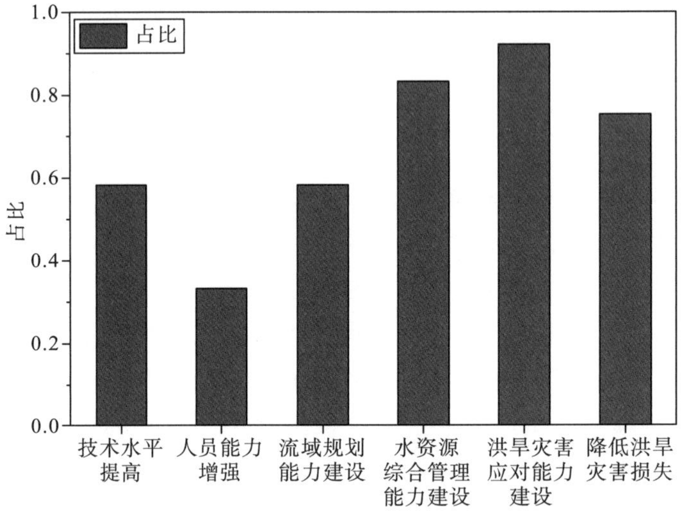

图 2.4-2　技术交流与培训未来合作方向统计图(图中纵坐标表示选择该选项问卷数占回收问卷总数的比例)

第3章 山洪灾害防治技术构建与示范

CHAPTER 3

3.1 山洪灾害概述

3.1.1 山洪灾害定义

山洪为山丘区由暴雨、融雪或堰塞湖、人工坝溃决等自然、人为因素引发，在短时间发生的暴涨陡落的地表强径流，一般可分为暴雨山洪、融雪山洪等，在地势低洼区极易泛滥成灾，按照其成灾过程，则可分为高速滑坡型、崩塌流动型、淤积漫溢型、冲刷崩岸型、松散堆积物型山洪。山洪往往是短时间内蓄积洪水的集中释放，洪峰流量很大，暴涨陡落是其过程的核心特征，其洪水历时通常不超过6h，作用面积一般在400km^2以内，流域面积在数十平方千米的山洪沟，瞬时洪量可以达到500～2000m^3/s，甚至更高，这也是山洪冲刷破坏力强，容易诱发滑坡、泥石流的原因之一。

山洪灾害是指由山洪暴发而给人类社会系统所带来的危害，造成的人员伤亡、财产损失、基础设施毁坏，以及环境资源破坏等。山洪灾害的主要特点是：

(1)季节性强，频率高。山洪灾害主要集中在汛期，尤其主汛期更是山洪灾害的多发期。

(2)区域性明显，易发性强。山洪主要发生于山区、丘陵区及岗地，特别是位于暴雨中心的上述地区，暴雨时极易形成具有冲击力的地表径流，导致山洪暴发，形成山洪灾害。

(3)来势迅猛，成灾快。山丘区因山高坡陡，溪河密集，降雨迅速转化为径流，且汇流快、流速大，降雨后几小时即成灾受损，防不胜防。

(4)破坏性强，危害严重。山洪灾害发生时往往伴生滑坡、崩塌、泥石流等地质灾害，并造成河流改道、公路中断、耕地冲淹、房屋倒塌、人畜伤亡等，因此危害性、破坏性很大。

山洪灾害是造成人民生命财产损失的最主要灾种之一。通过提高防洪标准、加强山区人民防灾避灾意识等措施，可以很大程度上减轻山洪灾害发生时造成的人民生命财产损失。因此，山洪灾害防治是保障区域经济发展、人民生命财产安全的重要举措。

3.1.2 山洪灾害成因

山洪灾害是自然和人为因素综合作用的产物，其中自然因素是山洪发育的基础和潜在条件，而人为因素既可能是山洪形成的助力因子，亦是山洪成灾不可或缺的成灾要素。

(1)自然因素

自然因素主要包括降雨、地形地貌、土壤及土地利用类型、植被等。

降雨因素是诱发山洪灾害的直接因素和激发条件。山洪及其诱发的泥石流、滑坡灾害的发生与降雨量、降雨强度和降雨历时关系密切。在相同条件下，降雨历时越长，降雨量越多，产生的径流量越大，山洪灾害造成的损失越严重。降雨尤其是暴雨，是诱发坡面型泥石流形成最主要的因素，它改变了斜坡岩土体的水文地质条件，且强降雨条件下，滑坡可转化为泥石流，其机理在于雨滴作用下的土体振动软化破坏宽级配砾石土体。堆积体在大强度暴雨及长历时、大雨量条件下易受激发而失稳，而形成滑坡，降雨以堆积体表面黏膜为主要破坏对象。在旱年—涝年交替的年份降雨诱发的滑坡灾害损失将成倍剧增，即多雨或久雨的年份内，滑坡灾害的发生概率要高于少雨或短雨年份。

地形地貌不仅为山洪灾害的发生提供势能和发育空间，还是地形雨、山地夜雨等暴雨天气过程发生的重要环境因子。一方面，丘陵、台地等山前大起伏地区由于地形雨的作用，发生暴雨天气过程的频率高于一般平原；另一方面，软弱的岩性、活跃的断层(裂)、大量出露的松散物质也为滑坡、泥石流的形成提供了必要的物质基础。

土壤及土地利用类型对山洪发育的影响主要体现在对水文过程，特别是对产流的影响与控制方面。研究表明，土壤机械组成中的黏粒含量越高，或有机质含量越低，土壤孔隙发育状况越差，降雨后容易形成结皮降低入渗性能，进而导致产流增加；土地利用对产流的影响则主要通过对地表植被的扰动或破坏来实现产流的增加。此外，不合理的土地利用也会带来大量的松散物质，为泥石流的发育提供物源。

植被对山洪灾害的影响十分复杂。一方面，植被具有较强的水土涵养功能，可以增加土壤蓄水和地下径流，减少地表产流，调节径流在短时间尺度内的时段分配特征。当降雨强度较低时，植被截留率高，而随着降雨强度逐渐增大，截留率明显减小。另一方面，植被虽然能够在一定程度上减缓溪河洪水的发生，但是对于不稳定坡体，植被发达的根系以及涵蓄的水量反而可能破坏坡体结构、增大坡体内部的孔隙水压力，进而促进滑坡的发生。

(2)人类活动因素

人类活动也是山洪灾害的主要诱发因素之一，人类既是灾害的制造者，同时也是灾害的承受者，不合理的人类活动可能加重灾害的程度。以下人类活动通常会加剧山洪灾害。

①毁林开荒。森林锐减使暴雨后不能蓄水于山，造成水土大量流失，洪灾发生频率大大增加，灾情加重。

②不合理的建筑。在河道边、河滩地、滑坡体下建住房、搞建设、搞开发等现象，加剧了山洪灾害的危害。对涉河建筑未按防洪标准建设，在建设过程中，不断侵占河道，在河床中乱弃、乱倒、乱建、乱挖，河道不断淤塞，行洪断面减小，河道的泄洪能力严重萎缩，往往造成

大洪水大泛滥，小洪水大灾难的严重后果。

③违背自然规律的盲目开发。不顾条件乱采滥挖，弃土弃渣挤占河道，会进一步加大山洪灾害的危害程度。

3.1.3　山洪灾害危险性评估方法

山洪灾害风险同自然灾害风险一样，一般是指潜在发灾过程造成的损失期望。一般认为，联合国人道主义事务部于 1992 年提出的自然灾害风险概念及其计算公式，即自然灾害风险可以通过潜在发灾过程的危险性和承灾体易损性的乘积结果表达，是开展相关工作的理论基础。对于山洪灾害危险性评估，目前依方法论的差异可分为过程分析法和(成因)要素分析法两类。

过程分析法主要基于降雨—产流和洪水演进模型模拟，输出结果可以具体到不同时频洪水的淹没特征和流速分布，可以在物理机制上做更为细致的描述。然而，过程分析法对山丘区暴雨特征分布、河道糙率、断面形态等资料的可靠性要求较为严格。此外，一些较为关键的模型参数，如产流模型中的入渗率，需要现场试验率定才能达到较高的输出精度。因此，这一方法在无资料地区的适用性较差。要素分析法根据山洪灾害与主要自然因子的经验关系来确定评估对象的危险属性，一般使用 GIS 背景下的图层代数叠加方法，综合山洪形成要素图层，得到评估对象的危险度分布特征。与过程分析法相比，要素分析法理论框架成熟、应用对象灵活，对资料精度要求低，虽然不能直接给出具体的山洪范围，但得到的区域危险格局对于初步风险管理仍然具有重要参考价值，且相对容易验证，具有较高的可靠性。因此，对于缺少山洪灾害防御工作基础的区域来说，是更为适合推广和应用的方法。目前比较常用的要素分析方法有山洪潜在风险指数(FFPI)法、CN—降雨侵蚀力(CN)法和外推法。

(1)FFPI 法

FFPI 是美国国家气象局下辖的流域机构科罗拉多河流域区域预报中心于 2003—2004 年度研发的一种基于要素经验分析的山洪发生潜势评估方法。FFPI 的原理是基于土壤类型、土地利用、地形坡度和植被覆盖四类要素与降雨产流之间的物理和经验关系，将各要素的作用按 10 个程度梯度进行量化赋分，之后在 GIS 技术支持下，通过四类要素图层的代数叠加获得山洪发生潜势分布图。FFPI 发布至今，其方法及相关衍生方法已在美国、中国、越南、日本、塞尔维亚等多个国家和地区得到应用，具有较高的国际影响力。FFPI 的计算公式为：

$$I_{\mathrm{FFPI}}=(k_1 \cdot M+k_2 \cdot L+k_3 \cdot S+k_4 \cdot V)/N \tag{1}$$

式中，I_{FFPI} 为 FFPI 的具体数值，理论区间在 0～10 之间，数值越高，山洪发育潜势越大；M 为坡度，L 为土地利用类型，S 为土壤属性，V 为森林覆盖率，这些指标的数值区间均在 0～10 之间；k_1，k_2，k_3，k_4 分别为各自的权重系数，一般等权设置，考虑到坡度对山洪发育的影响较大，也有研究给予 k_1 高权；$N=k_1+k_2+k_3+k_4$。

(2)CN—降雨侵蚀力法(CN 法)

CN 法结合了产流潜势(CN)与降雨侵蚀力(R),当得到 CN 和 R 图层后,将两者归一化并进行乘积叠加,得到最终的产流潜势和山洪灾害危险性分布图。产流潜势(CN)是美国自然资源保护服务中心(原土壤保护服务中心)于 1972 年提出的反映区域产流潜势的指标,其原理是根据地区土壤、土地利用类型与降雨产流之间的关系,提出的一种反映下垫面入渗或产流潜能的经验参数,该参数结合实时降雨和前期土壤湿度数据,理论上可进一步计算得到各场次降雨的产流量,该值可参考 SCS handbook(SCS,1972)。降雨侵蚀力(R)是引起土壤侵蚀最主要的动力因子,其数值能表征降雨对土壤侵蚀潜力的大小

(3)外推法

外推法是根据相似区域的地理与气象等山洪发育要素与山洪灾害的关系得到目标区域灾害事件与山洪发育要素之间的关系的方法。该方法具有一定的可靠性与易操作性。考虑到山洪过程往往点多、面广,灾害事件也具有较明显的自相关特征,符合地理学第一定律,即任何事物都相关,相近的事物关联更紧密,因此在统计模型的选择上,一般使用经典线性回归模型,也可以使用考虑了空间邻近关系的空间滞后模型和空间误差模型。

经典线性回归模型(公式 2)由因变量 Y、常数项 a、自变量 X 及其系数 b,以及误差项 e 组成。在经典回归模型中,因变量 Y 仅受到自变量 X 的影响,误差项 e 完全独立且服从正态分布。然而,对于存在空间自相关属性的变量,使用经典回归模型可能导致拟合失败或拟合优度不足,这源于两种情况:一是因变量 Y 不仅受到自变量 X 的影响,还受到邻近的因变量 Y' 的影响,即因变量之间存在空间自相关性;二是虽然因变量本身的空间自相关性不明显,但因为某些原因,误差项 e 之间存在空间自相关性。对于第一种情况,可以采用空间滞后模型(SLM)进行拟合(公式 3),这一模型是在经典回归模型的基础上,加入了因变量的空间权重矩阵项 ρWY;而对于第二种情况,则可采用空间误差模型(SEM)进行拟合(公式 4),这一模型是在经典回归模型的基础上,加入了误差项的空间权重矩阵项 $\lambda W\varepsilon$。

$$\boldsymbol{Y} = a + bx + e \tag{2}$$

$$\boldsymbol{Y} = a + \rho \boldsymbol{WY} + bX + e \tag{3}$$

$$\boldsymbol{Y} = a + b\boldsymbol{X} + \lambda \boldsymbol{W}\varepsilon + e \tag{4}$$

空间权重矩阵 W 是空间自回归模拟中的一项重要概念,它是一组针对描述对象空间邻近关系构建的矩阵,当每一个中心对象有 n 个邻近对象时,则每一个邻近对象给予该中心对象施加的影响权重为 $1/n$;当 $n=0$ 时,则表示该中心对象无须考虑空间自相关性。邻近关系有边接触、点/边接触和依距离设置统计门槛三种形式,考虑到很多学者认为邻近关系的选择应遵从“邻近对象宜少不宜多”的原则,山洪灾害评价中多使用边接触确定流域间的邻近数量。

3.2　南乌河流域概况

3.2.1　地理位置

南乌河发源于中国云南省江城县与老挝丰沙里省接壤的边境山脉一带，干流全长 484km，是湄公河左岸老挝境内最大的支流。老挝境内流域面积 2.47 万 km^2，在老挝全国 12 条较大的河流中亦排名第一，约占其国土面积的 1/10。南乌河位置如图 3.2-1 所示。流域内总人口 40.4 万人(2015 年)，在上述的 12 条河流中排名第三；年均流量约 610 m^3/s，流量约占整个湄公河的 3%；水力发电潜能约 1670MW，占湄公河支流技术可开发量的 11.3%，排名第四；此外，南乌河在生态资源和航运规模方面也排名前列。从经济发展战略来看，老挝将自身定位于促进内陆地区跨境贸易的“走廊国家”，作为中、老、越边境河流的南乌河，在新一轮的全球化浪潮中扮演重要角色。另据老挝《2015 年人口和家庭普查报告》和联合国《全球城市化进展报告》预计，到 2035 年南乌河流域的人口规模将达到 58.2 万人，其中城镇人口占比增至 43.1%。可以预见，随着人口和经济体量的进一步扩大，届时该流域承启南北的作用和影响亦将愈发显著。

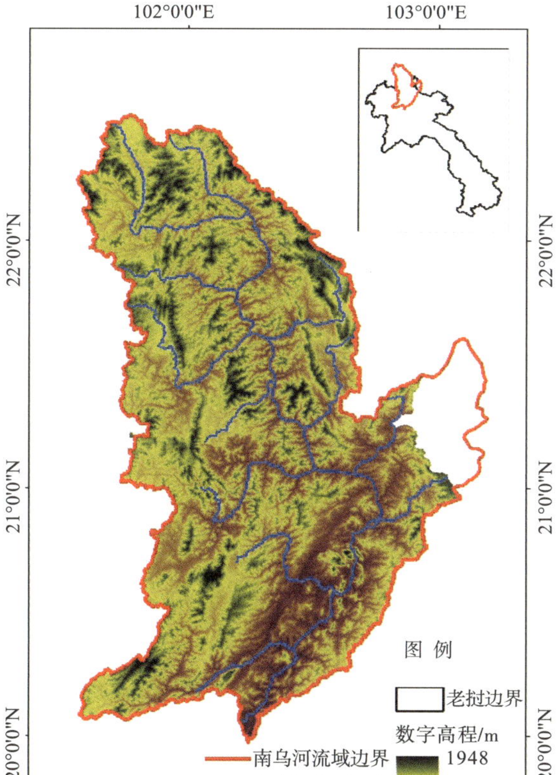

图 3.2-1　南乌河位置图

3.2.2 地质地貌

南乌河流域地势总体北高南低，南北宽、东西窄，最高海拔2263m，最低高程280m，高差约1980m；地貌形态主要表现为构造剥蚀、侵蚀堆积和岩溶地貌，地形以山地、高原为主，山高坡陡、河谷深切，30°以上坡度面积约占流域总面积的60%，完全平坦地区仅占2.2%。

南乌河流域属于孟赛地层区，以上古生界、中生界为主，新生界次之，出露岩层主要为沉积岩大类，火成岩和变质岩仅少量分布，岩性则以灰岩、砂岩、砾岩和泥岩为主。区内岩浆侵入规模不大，为花岗岩类侵入体，分布在流域中部偏南，出露面积较小，第四系松散物质以砂、砾、卵石为主，主要分布在干支流河谷地带。南乌河流域地震活动水平相对较低，但强度较高，地震基本烈度为Ⅶ度。总体上，该流域在区域构造稳定性方面属于基本稳定区。

3.2.3 水文气象

南乌河为湄公河下游的一级支流，流域形状大致呈上窄下宽的梯形，分水岭高程大都在1300～1800m之间，河流流向依地势自北向南，于B. PakOu汇入湄公河。流域水系格局以平行水系和混合水系为主，山区河流特征明显。按Strahler河流分级体系，流域内直接汇入南乌河干流的一级河流发育最多，一、二级河流数量约占总支流数量的80%，四、五级河流数量约占10%，最高级为五级。全流域发育较大的支流共11条，其中右岸6条，左岸5条。各级河流特征见表3.2-1。

表3.2-1　河流特征参数表

三级河流名称	重要四级河流	重要五级河流	流域面积/km^2	河流长度/km	总落差/m	年径流量/亿m^3	水能资源理论蕴藏量（仅供参考）/MW
南坝河(Nam Bak)			1740	108	422	6.06	39.78
	南坝河(Nam Khan)		359	34	220	1.25	
南邦河(Nam Ban)			752	76	997	4.79	74.28
南昏河(Nam Houn)			897	96	694	6.83	73.73
南霍布河(Nam Hub)			739	64	914	2.68	38.10
南康河(Nam Khang)			1129	70	413	12.85	82.55

续表

三级河流名称	重要四级河流	重要五级河流	流域面积/km^2	河流长度/km	总落差/m	年径流量/亿 m^3	水能资源理论蕴藏量(仅供参考)/MW
南棱河(Nam Leng)			1865	129	885	17.45	240.22
南雅河(Nam Nga)			2656	162	1091	10.57	179.38
南奈河(Nam Ngay)			879	71	740	9.22	106.13
南诺河(Nam Noua)			718	50	109	3.19	5.41
南帕河(Nam Phak)			3327	160	766	16.53	196.96
	南科河(Nam Kor)		1993	79	285	9.9	
		南茂河(Nam Mao)	214	36	481	1.06	
		南欣河(Nam Hin)	133	17	442	0.66	
南泼河(Nam Pok)			540	52	476	3.66	27.10
小计							1063.63

数据来源：参考 Phongsaly、Oudomxay、Luang Prabang、LuangNamTha 4 个气象站 2006—2010 年的实测气象资料，结合《南乌河流域概况》(2016，世界银行集团国际金融公司)报告分析成果

南乌河流域的河川径流主要由降雨补给，多年平均流量 610 m^3/s，年径流量约 160 亿 m^3。地表径流量年内变化与降雨年内分配基本一致，分为每年 5 月至 9 月的丰水期和当年 11 月至次年 4 月枯水期，分别对应降雨的湿、干两季。年最小流量一般出现在 3、4 月。流量年际变化不大，最丰水年平均流量为 710 m^3/s(1971 年)，最枯水年平均流量为 221 m^3/s(1992 年)，两者之比为 3.2。流域洪水主要由暴雨形成，多发生在丰水期，以 7、8 两月最频繁。大江大河的洪水历时较长，涨落缓慢，一次主要洪水过程一般不超过 15 天，且多为单峰型；小时空尺度的山洪陡涨陡落，过程迅速，洪水过程一般不超过 6h，瞬时流量很大，通常由暴雨或溃坝等因素引发。根据流域出口控制站孟威(Meuang Ngoy)站日平均流量统计，最大洪峰流量为 9290 m^3/s(1996 年 8 月 19 日)，最小日平均洪峰流量为 1660 m^3/s

(1992 年 7 月 26 日),最大与最小洪峰流量之比为 5.6。洪峰流量年际变化不大。流域植被覆盖较好,土壤侵蚀总体不严重,河流输沙量低,孟威站年均泥沙通量仅 440 t 左右。

南乌河流域较高的径流模数及流量变化特征与当地的气候气象条件密不可分。受孟加拉湾和南海北部湾的暖湿气流影响,南乌河流域盛行热带季风气候,雨量充沛且干、湿季特征明显,流域年平均降雨量可达 1610 mm,由北向南逐渐递减,其中湿季降雨量可达全年的 80%以上;流域蒸发与年均温度分布一致,与降水量分布特征相反,由北向南逐渐升高,干季蒸发量较大、湿季蒸发量较小,流域内的丰沙里、乌多姆赛和琅勃拉邦省的蒸发量分别为 748mm、879 mm 和 847 mm。

3.2.4 土地资源与植被

南乌河流域山地面积占比很高,人口密度和人类活动强度偏低,果园、城镇、农田等人类活动用地占总土地面积比重不到 10%(表 3.2-2),其中大部分土地使用较原始的迁移农业(包括刀耕火种)耕作方式,而城镇建设用地仅占 0.2%,远低于流域 2.2%的平坦土地面积占比。这一方面表明南乌河流域的自然环境现状保存良好,另一方面也说明该流域的水土资源供给能力尚有富余,可以支持更大规模的开发活动和城镇化建设。南乌河流域森林覆盖率很高,据统计仅阔叶乔木面积占比即已达到 55%,乔、灌木面积占比接近 90%。

表 3.2-2　　南乌河流域土地利用面积及占比

土地利用类型	面积/km^2	流域占比/%
一年生作物面积	368	1.42
水稻	233	0.90
林农轮作	1064	4.10
果园	16	0.06
草地	518	2.00
灌丛	8833	34.09
城市面积	53	0.20
裸地	18	0.07
工业用地	94	0.36
落叶阔叶林	13369	51.60
常绿阔叶林	1053	4.06
竹林	172	0.66
针叶林	2	0.01
沼泽和湿地	2	0.01

续表

土地利用类型	面积/km^2	流域占比/%
水体	56	0.21
其他	61	0.23
总面积	25910(含越南部分面积)	

来源:《南乌河流域概况初稿(第 2 版)》,2016(Full report Nam Ou River Basin Profile first draft ver 2, 2016)

受热带季风气候湿热多雨的影响,南乌河流域植被资源极为丰富,并且以植株较高大、冠层舒展的阔叶乔木和灌木为主。流域土壤以低活性强酸土为主,分布范围占地表总面积的 82.8%;其次为始成土,占地表总面积的 13.4%,其他土种还包括低活性淋溶土、高活性强酸土、薄层土等。总体上,南乌河流域的土壤土层偏薄、肥力偏低、黏粒含量较高,不利于农作物的栽培与耕作,一定程度上促进了当地迁移农业的盛行,而以刀耕火种为主要耕作方式的迁移农业又反过来加剧了对森林资源的破坏。

3.2.5　社会经济

南乌河流域涉及的省份包括丰沙里、乌多姆赛和琅勃拉邦。据老挝第四次人口普查结果,三省的人口分别为 17.8 万人、27.8 万人和 17.5 万人,人口增长率分别为 0.7%、1.5% 和 0.6%。依据流域中各省面积占相应省份总面积的比例关系,南乌河流域总人口约为 40.4 万(表 3.2-3),其中城市人口 10.2 万,农村人口 30.2 万,城镇化率 25.2%。其中,丰沙里省城镇化率为 19.8%;乌多姆赛省城镇化率为 29.8%;琅勃拉邦省城镇化率为 28.1%。

表 3.2-3　　南乌河流域 2015 年人口分布基本情况

省/区	总人口	城镇人口	农村人口	面积/km^2	人口密度/(人/km^2)
丰沙里省	167445	33206	134238	14195	12
丰沙里(Phongsaly)	23337	8161	15176	2725	9
孟迈(MuangMay)	15817	1288	14528	1724	9
孟夸(MuangKhua)	26164	3301	22863	1557	17
桑潘(Samphanh)	24420	1985	22435	2555	10
奔讷(BounNeua)	22285	6730	15555	1251	18
约乌(NhotOu)	31145	7013	24132	3087	10
孟本代(MuangBountai)	24277	4728	19549	1296	19
乌多姆赛省	116679	34749	81930	5206	22
孟赛(MuangXay)	54163	24032	30132	1564	35
孟拉(MuangLa)	17173	3166	14007	1344	13

续表

省/区	总人口	城镇人口	农村人口	面积/km²	人口密度/(人/km²)
纳莫(Namor)	8542	1150	7392	366	23
雅(Nga)	18439	2822	15617	1159	16
孟本(MuangBeng)	13609	2606	11003	633	21
孟昏(MuangHoun)	4752	973	3779	140	34
琅勃拉邦省	119611	33612	86000	5240	23
巴乌(PakOu)	20245	1998	18248	712	28
南坝(Nambak)	68863	27814	41049	1753	39
孟威(MuangNgoy)	27435	3630	23805	2541	11
巴森(PakXeng)	2925	170	2755	217	13
万坎(Viengkham)	143	0	143	17	8
合计	403735	101567	302168	24641	16

来源：规划和投资部，人口和住房普查报告，2015(Results of Population and Housing Census，Ministry of Planning and Investment，2015)

根据社会经济调查数据和《环境综合管理报告》，2015 年南乌河流域 GDP 总量为 4.5 亿美元，人均 1115 美元，远低于全国平均水平(1950 美元)。农业是南乌河流域的主要产业，约占全流域 GDP 比重的 50%。工业、服务业 GDP 分别为 1.1 亿美元和 1.3 亿美元。

流域涉及的三省之中，琅勃拉邦省的人均 GDP 最高，约为 1533 美元，农业和旅游服务业经济贡献较大；乌多姆赛省次之，人均 GDP 约为 1200 美元，工业相对突出；丰沙里省经济最为落后，人均 GDP 约为 812 美元。总体上，南乌河流域的经济发展呈南高北低、东高西低的态势。三省具体的经济情况见表 3.2-4。

表 3.2-4　　南乌河流域各省、区 2015 年经济发展现状

省/区	流域内 GDP/万美元				三产比例		
	小计	农业	工业	服务业	农业	工业	服务业
丰沙里省	13556	6210	3348	3999	46%	25%	29%
丰沙里(Phongsaly)	1889	865	467	557			
孟迈(MuangMay)	1281	587	316	378			
孟夸(MuangKhua)	2118	970	523	625			
桑潘(Samphanh)	1977	906	488	583			
奔讷(BounNeua)	1804	826	446	532			
约乌(NhotOu)	2521	1155	623	744			
孟本代(MuangBountai)	1965	900	485	580			

续表

省/区	流域内 GDP/万美元				三产比例		
	小计	农业	工业	服务业	农业	工业	服务业
乌多姆赛省	14001	6301	4340	3360	45%	31%	24%
孟赛(MuangXay)	6500	2925	2015	1560			
孟拉(MuangLa)	2061	927	639	495			
纳莫(Namor)	1025	461	318	246			
雅(Nga)	2213	996	686	531			
孟本(MuangBeng)	1633	735	506	392			
孟昏(MuangHoun)	570	257	177	137			
琅勃拉邦省	18251	9979	2997	5275	55%	16%	29%
巴乌(PakOu)	2835	1191	567	1077			
南坝(Nambak)	10839	5236	2259	3344			
孟威(MuangNgoy)	4241	3357	108	777			
巴森(PakXeng)	314	182	63	69			
万坎(Viengkham)	21	13	0	8			
合计	45808	22490	10685	12634	49%	23%	28%

来源:《2015 年统计年鉴》《南乌河流域概况初稿(第 2 版)》《乌多姆赛环境综合治理》《琅勃拉邦环境综合治理》、丰沙里省经济社会统计数据

3.3 南乌河流域山洪灾害风险分析

3.3.1 山洪灾害发育特点

南乌河流域超过 90%的土地面积属于山丘区,完全平坦地区仅占总面积的 2.2%,加之当地雨水充足、雨量集中,土体普遍偏黏、易于产流,具备山洪大面积暴发的本底条件。此外,考虑到当地人口聚落较为分散,基础防御设施不足的现状,流域山洪发灾隐患较大。另一方面,由于当地森林资源保存较好,植被覆盖率很高,区域地质活动总体亦不活跃,南乌河流域的土壤侵蚀并不严重,松散体和不稳定坡体的分布范围也不大,因此发育的山洪类型以山溪性洪水为主,滑坡、泥石流等次生过程较少发生。

南乌河流域现阶段山洪中、高易发区总面积为 13362.3km^2,占土地总面积的 54.3%,其中中易发区 8701.4km^2,占总土地面积的 35.4%;高易发区 4660.9km^2,占土地总面积的 18.9%。此外,尚有 11253.4km^2 的土地为山洪易发程度相对较低的低易发区,占流域土地总面积的 45.7%(表 3.3-1,表 3.3-2)。

表 3.3-1　南乌河流域初步山洪易发程度分级及面积占比

级别	面积/km²	占比/%
高易发区	4660.9	18.9
中易发区	8701.4	35.4
低易发区	11253.4	45.7

表 3.3-2　南乌河流域初步山洪易发程度分省分级及面积占比

省名	易发程度	面积/km²	占比/%
丰沙里	高易发区	2799.1	11.4
	中易发区	6794.2	27.6
	低易发区	4642.7	18.9
乌多姆赛	高易发区	920.1	3.7
	中易发区	2074.1	8.4
	低易发区	1831.5	7.4
琅勃拉邦	高易发区	938.7	3.8
	中易发区	2562.2	10.4
	低易发区	2053.1	8.3

从分省区域差异来看，流域北部的丰沙里省山洪易发情况最为严峻，中、高易发区面积约 9593.3km²，占全流域土地总面积的 39%。乌多姆赛省和琅勃拉邦省山洪发育的自然条件相当，琅勃拉邦省的中、高易发区较之于乌多姆赛省分别多出 488.1km² 和 18.6km²，琅勃拉邦省的中、高易发区面积占全流域面积百分比较之于乌多姆赛省多出 2.1 个百分点。

南乌河流域山洪发育主要特点有：(1)山洪以雨致山洪为主，山洪发生的主要时段集中在雨季，即 5—10 月汛期。(2)受植被覆盖度高、林草拦截的影响，流域水土流失总体不严重，加上区域地质活动总体也不活跃，松散物质和不稳定坡体较少发育，山洪类型以山溪性洪水为主，较少发生滑坡、泥石流等次生过程。(3)南乌河流域近期的地表覆盖变化超过 60%，主要是由橡胶和香蕉种植园所驱动的，特别是在丰沙里盆地的北部地区。这种土地利用的变化往往导致局部严重的土壤侵蚀，特别是在变化初期；当地迁移农业(特别是刀耕火种)较为盛行，开垦地区植被普遍退化、物种丰度降低，土壤流失严重。这些均为山溪性洪水甚至泥石流灾害的发生带来隐患。(4)初步估计南乌河流域有 54.3%的土地面积为山洪易发区，具有点多、面广的特点。

3.3.2　山洪灾害成因分析

(1)降雨因素

南乌河位于老挝北部高原，流域西南方向孟加拉湾和东南方向南海北部湾的暖湿气流是流域降水的主要水汽来源，流域年降雨量在1400～2200mm，加之地形北高南低，流域形状似扇形，坡面向南，正对水汽入流方向，十分有利于暴雨的形成，为山洪和水土流失的发生提供了必要的外营力条件，一旦植被破坏极易导致地表产流加剧和严重的水土流失，甚至诱发滑坡、泥石流等山地灾害。

(2)地形地貌

南乌河位于老挝北部高原，河流具有典型的山区河流特性，河谷深切，坡陡流急，季节性洪流频发。流域较大规模的断裂有两处，一处位于流域东北部，绵延约500km，在老挝境内全长约150km，呈西北—东南向展布；另一处位于流域西侧，为两条近东西向的平行断裂，全长约130km。其他断裂则规模相对较小，长度一般在10～130km。这些断裂虽然总体不活跃，但在局部强震条件下，仍有发育滑坡和松散物质的隐患，在水力及重力侵蚀作用下，一旦暴发山溪性洪水极易转化为滑坡、泥石流等次生灾害，加剧灾害威胁。

(3)植被

南乌河流域的自然环境现状保存良好，建有多座国家、省级森林公园，森林覆盖率很高，乔、灌木面积占比接近90%。但是受迁移农业(特别是刀耕火种)的影响，局部地区植被破坏较为严重，这些地区在景观上呈零散分布状态，斑块破碎，对当地的生态连通性具有一定的消极影响，且周边往往还有一定规模的人口聚落，存在较大的山洪发灾隐患。

(4)土壤及土地利用

南乌河流域的土壤以低活性强酸土分布面积最广，占地表总面积的82.8%。此类土壤土层薄，耕作层大部分仅为16～19cm，且肥力低、黏性重，属于较易产流的土壤类别。由于当地劳动生产率较低，贫瘠的土地反过来又促进了以刀耕火种为代表的粗放型耕作方式的发展，导致植被破坏、水土流失、产流加剧、洪水泛滥的恶性循环。

(5)人类活动

南乌河流域造成山洪灾害的人类活动因素主要有四个方面。

一是山区资源的不合理开发。在发展经济的同时，山区的资源开发活动愈加频繁。一些矿山开发、道路建设等活动对地表环境产生了剧烈扰动，导致或加剧灾害。如矿山开发、道路建设等活动对地表环境会产生剧烈扰动，一方面表现为对森林植被的直接破坏；另一方面，矿山开采过程中产生的弃渣如果不进行规范化处理，乱堆乱倒的弃渣，一旦遇到暴雨往往会造成严重的泥石流灾害。此外，对能源的过量需求也会导致山洪灾害加剧，如木柴在老挝山区的一些农村是常用的生物质能，能源过量需求带来的乱砍滥伐可能导致森林资源的严重破坏，进而加剧山洪灾害。

二是山区城镇与房屋选址及建设不合理。首先，不合理的城镇建设会加剧山洪灾害，表现在不适宜建设的山洪危险区安排城镇用地，防洪工程缺位导致山洪灾害，山丘区城镇建设易引起次生灾害等。其次,山区房屋选址不当也会加剧山洪灾害。山区民房选址多在沟滩地、沟边及坝下等地段,遇山洪暴发极易受害,造成人员和财产损失。

三是病险水利水电工程的山洪隐患。山区小流域的山塘或土坝工程缺乏对暴雨山洪、特大洪水的综合考虑,防洪减灾能力很弱。同时,山区小流域水库一般库容很小,缺乏大中型拦蓄工程,对山洪蓄控能力很弱,一旦山洪发生,洪水极易成灾。2018 年 7 月发生在老挝阿速坡省的溃坝洪水事故即为此类案例。

四是不合理的交通工程加剧山洪灾害损失。由于对自然规律认识不足,交通工程在勘测、设计、施工、养护、管理等方面可能会存在缺陷,使灾害损失加重。如在勘测设计公路、铁路过程中,如果对山洪水文调查研究不够,未采取避让措施或彻底处置而给工程留下隐患,一旦遇到暴雨洪灾,常发生路基冲毁等严重危害;修筑公路、铁路和其他大型建设所产生的弃土如直接倾倒于溪沟河道中,可能造成河道淤塞、排泄不畅。公路因泥石流灾害而中断交通的现象更为严重,尤其是低级别公路,在修路养路时,往往只顾开挖取土方便,忽视山坡的稳定,破坏公路的上下边坡山体,造成山坡失稳,引起滑坡和崩塌,导致泥石流发生,影响交通运输,破坏公路的工程设施。

综上所述,南乌河流域具备大规模暴发山洪的一系列自然环境特征,发灾隐患较大。随着老挝边境贸易"走廊国家"政策的深化和国民经济的持续发展,预计到 2035 年,南乌河流域的人口规模将达到 58.2 万人,其中城镇人口占比增至 43.1%,较现阶段分别增长 44%和 71%,可以预见,未来的南乌河流域必将面临更为严峻的防洪减灾形势。

3.3.3 山洪灾害危险性分析

基于得到的各类指标图层,依据 FFPI 和 CN—降雨侵蚀力法(CN 法)的计算公式,在 ArcGIS 中通过图层代数叠加,可分别得到南乌河流域基于 FFPI 法的山洪灾害危险度分布图(图 3.3-1a)和基于 CN—降雨侵蚀力法的山洪灾害危险度分布图(图 3.3-1b)。FFPI 危险度分布图充分体现了土壤属性对山洪发育的影响,始成土分布区域由于土壤的沙粒和砾石含量较高,入渗能力较强,山洪易发水平明显偏低;同时,地形的作用也很突出,地形起伏较大地区的山洪危险性普遍较高。CN—降雨侵蚀力法危险度分布图则表现出明显的空间分布格局,流域东南和北部的山洪易发水平明显高于其他地区,集中体现了降雨格局对山洪发育的直接影响。

中国云南省与南乌河流域接壤,自然地理环境与南乌河流域相似度较高,因此可以通过分析云南省的灾害相关数据和特征,将其外推到南乌河流域来分析南乌河流域山洪灾害风险。外推法危险度分布图(图 3.3-1c)的山洪高易发区主要分布在流域的南部和中部,北部与中国接壤的两个流域危险度也较高。

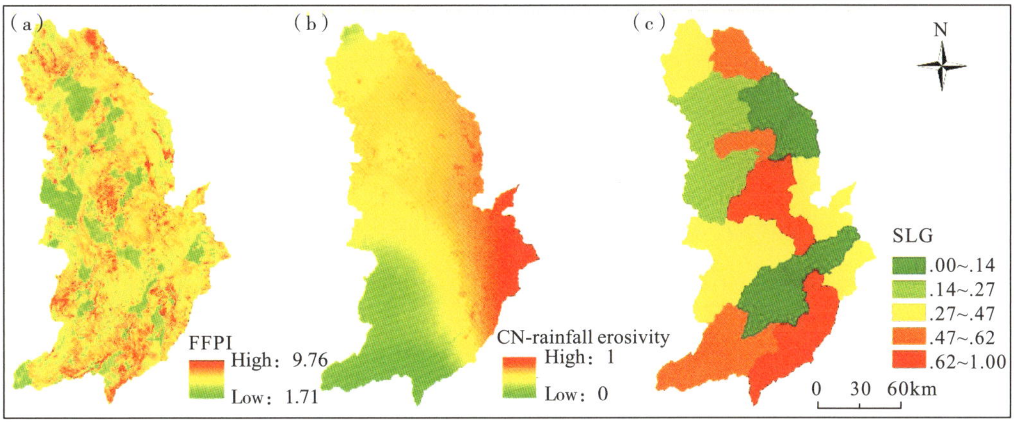

图 3.3-1　基于 FFPI 法、CN—降雨侵蚀力法和外推法的南乌河流域山洪灾害危险度分布图对比

为验证以上方法所得结果的准确性，收集了部分老挝南乌河流域已发生的历史灾害资料作为基础验证数据。历史灾害资料为依当地基层行政单位(district，区或县)统计得到的灾害次数信息，在 Arc-GIS 中将各县的平均危险度导出，后与各县的历史灾害数量联立构建散点图(图 3.3-2)，可知外推法的拟合优度最高，是三种方法中的优选方案。

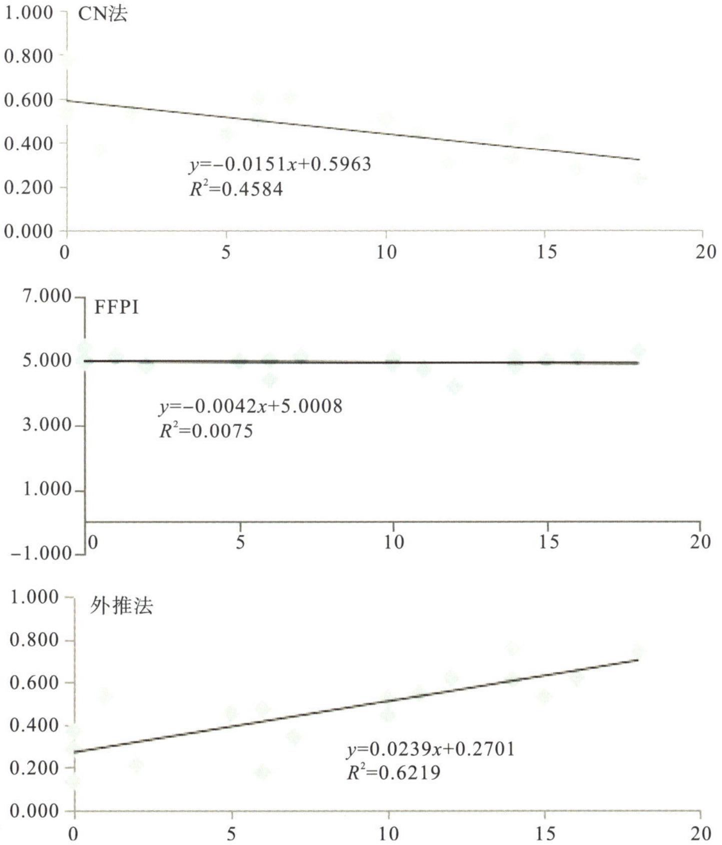

图 3.3-2　FFPI、CN 法和外推法的分县平均危险度—历史灾害次数散点图

3.4 南乌河山洪灾害防御体系构建

3.4.1 防御现状分析

山洪灾害是山区资源、环境与社会经济发展矛盾激化的反映，本质上是资源环境问题。老挝政府为应对日益严峻的资源、环境问题，在立法方面采取了一系列措施。1991年宪法的第17条规定“一切团体和个人都必须保护自然环境，保护森林、野生动物、水资源、空气等自然资源”。根据宪法规定，1993年10月，老挝制定了国家政策纲要——环境行动计划，这项政策强调对自然资源的开发和使用必须遵循环境保护和自然资源管理的规定。1996年3月，老挝国会第六届议员大会强调指出，要制定符合该国实际的法律，依法保护土地资源、森林资源特别是热带雨林；鼓励公民多种树，种植各种可利用、可消耗的木材；设立自然保护区和生物多样化保护区，保护水土、森林及生物资源，维护生态平衡。1999年4月26日，老挝《环境保护法》正式实施，这为老挝环境管理提供了有效的手段和保障。

在机构设置方面，老挝政府为应对资源、环境问题也进行了必要的调整，特别是2011年在政府各原有相关职能部门的基础上，组建了行政职能更为全面、职责更为明确的自然资源与环境部，旨在构建一个更为有效的资源环境管理体系，以达到社会发展、经济增长与资源环境相协调的总体目标。

根据南乌河山洪灾害发育特征可知，南乌河流域山洪防御形势总体较为严峻。目前南乌河流域在防洪减灾方面缺乏基本的防御设施，许多重点城镇均未达到基本的防洪标准，且由于缺乏必要的监测站网和专业技术及管理人员，在历史灾害记录方面也缺乏系统的统计与整理，针对典型小流域沿河/沟村落山洪灾害的防御措施更是几近空白。因此，在现有的防洪背景下，南乌河流域的山洪灾害频发，典型事件如1986年的乌多姆赛山洪灾害即造成了死亡人数多达52人的惨剧；Ban Kornoy、Huay Kai等城镇受山洪的影响也很严重。总体而言，老挝南乌河流域虽较少发生严重山洪灾害，但该地区具备暴发大规模山洪的自然条件，山洪发灾隐患仍然较大，特别是随着国民经济和人口快速增长，未来本就严峻的南乌河流域山洪防御形势会愈发严峻。

南乌河流域山洪灾害防御存在的问题主要有：(1)较大规模的山洪灾害虽然不常发生，但由于流域地形以山地丘陵为主，起伏大、坡度陡，加之当地降雨量大、暴雨集中、土质偏黏，大部分地区发生山洪的潜势较大。(2)流域耕地资源和平坦土地有限，居民点普遍规模较小且居住分散，当地盛行的迁移农业(特别是刀耕火种)对森林植被破坏力较大，局部地区容易形成较严重的土壤流失，增加松散堆积，这些均会促进山溪性洪水及次生灾害的发生。(3)随着当地社会经济和人口规模的持续较快增长，以及一系列水电开发项目的建设和使用，未来南乌河流域的城镇化和工业化会给当地的山洪灾害防御形势带来更大的压力。(4)当地政府在山洪灾害防治方面的工作基本处于起步阶段，山洪灾害的风险识别与评估工作需要开展，基本的应对策略需要准备，水雨情监测站网需要进一步完善，对重点城镇影响较大的山洪沟需要治理，相关的专业技术和管理人才需要培训，山洪灾害防御体系亟待建立。

3.4.2　防御对策设计

基于南乌河流域山洪危险性分布图，在叠加了当地村镇居民点和农田后，得到南乌河流域山洪灾害风险分布图(图 3.4-1)。考虑到老挝目前的国家财政和经济发展水平，认为当地山洪防治应本着“低成本、高效益、首先保障人民群众的生命安全”的原则开展工作，故中国投入/产出比较高的“以防为主、防治结合”“以非工程措施为主，工业措施与非工程措施相结合”的山洪防治理念亦适用于老挝等湄公河国家。在此基础上，针对当地具体的小流域人文与自然地理特征，提出了分区山洪防御对策(表 3.4-1)。

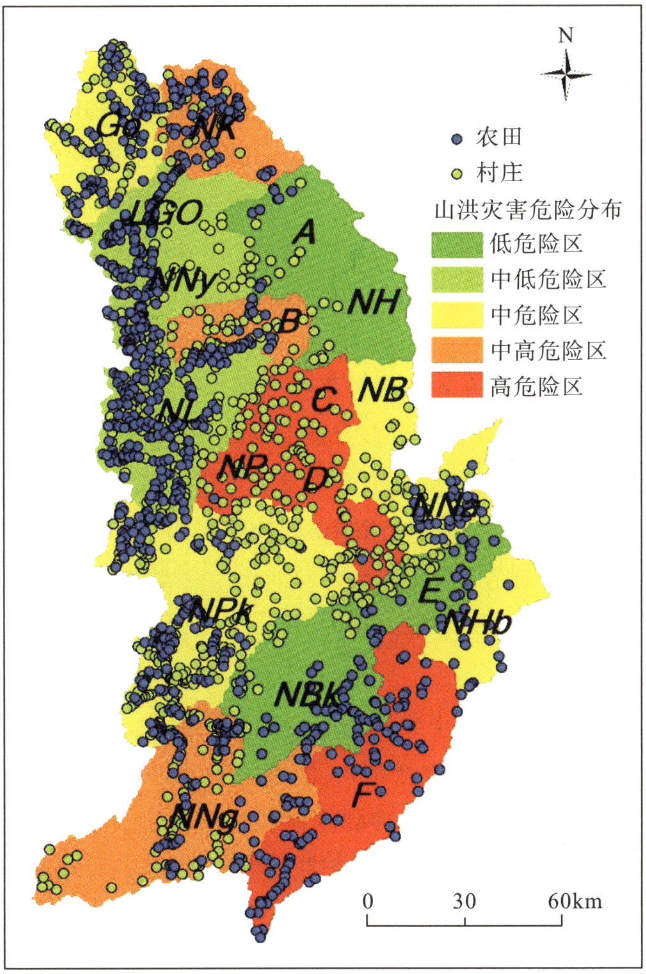

图 3.4-1　南乌河流域山洪灾害风险分布图(图中大写字母为子流域首字母)

表 3.4-1　南乌河流域山洪灾害防治对策设计

危险度	村庄密度	流域名称	流域概况	防治重点	对策设计
高	高	南泼河(Nam Pok)/南康河(Nam Khang)	地势起伏较大，多平坝，雨水较多，土壤偏黏易产流	优化人口布局，指导村镇向平坝地区发展，并在重点城镇开展必要的工程治理；监测预警和群测群防措施全面覆盖	1)土地利用管控；2)搬迁避让；3)监测预警与群测群防；4)工程治理(水库塘坝建设、河道疏浚、水土保持、拦排工程)
高	低	南雅河(Nam Nga)	地势起伏大，山间宽谷较平坦，雨水多	优化人口布局，将坡地居民尽量迁出；监测预警和群测群防措施全面覆盖；保护生态环境	1)搬迁避让；2)监测预警与群测群防；3)水土保持
中	高	诺乌河(Gnot Ou)/南邦河(Nam Ban)南帕河(Nam Phak)	地势起伏大，降雨量很大，部分土壤偏沙性易入渗	监测预警和群测群防措施全面覆盖，重点城镇开展必要的工程治理	1)监测预警与群测群防；2)工程治理(水库塘坝建设、河道疏浚、水土保持、拦排工程)
中	低	南霍布河(Nam Hub)	地势起伏大，降雨量很大，部分土壤偏沙性易入渗	监测预警和群测群防措施全面覆盖；保护生态环境	1)监测预警与群测群防；2)水土保持
低	高	南奈河(Nam Ngay)/南棱河(Nam Leng)	地势起伏很大，降雨量大，土壤偏沙性易入渗	监测预警和群测群防措施全面覆盖	监测预警与群测群防
低	低	南坝河(Nam Bak)/南昏河(Nam Houn)/诺乌河下游(Lower Gnot Ou)	地势起伏大，多平坝，降雨量大	监测预警和群测群防措施全面覆盖	监测预警与群测群防

3.4.3　山洪灾害监测预警设计

山洪灾害监测预警系统建设是及时规避风险，避免或减少山洪灾害导致的人员伤亡和财产损失的重要举措，也是实施指挥决策和调度以及抢险救灾的重要保障。

（1）系统设计原则与架构

监测预警系统的设计原则主要包括：坚持以人为本，以保障人民群众生命安全为首要目标；坚持因地制宜、突出重点；坚持经济实用、稳定可靠、容易实施、便于操作与推广；遵循相关规程和规范；充分利用现有气象、水文及地质灾害监测预警网，系统建设要与相关行业的规划、建设相协调；充分利用已有资料和成果，与国家层面的防汛指挥系统相衔接。

山洪灾害监测预警系统包括水雨情监测系统和预警系统两个部分（图 3.4-2）。水雨情监测系统主要包括水雨情监测站网布设、信息采集、信息传输通信组网、设备设施配置等。乡（镇）、村自身预警的监测设施，一般以简易的为主；县级以上可根据经济状况和山洪灾害特点，布置有一定技术含量、实用、先进、自动化程度较高的设施。汇入山洪灾害防治信息汇集及预警平台的水雨情监测信息以县级以上的自动遥测信息为主，群测群防水雨情监测信息以乡（镇）、村简易观测信息为主。

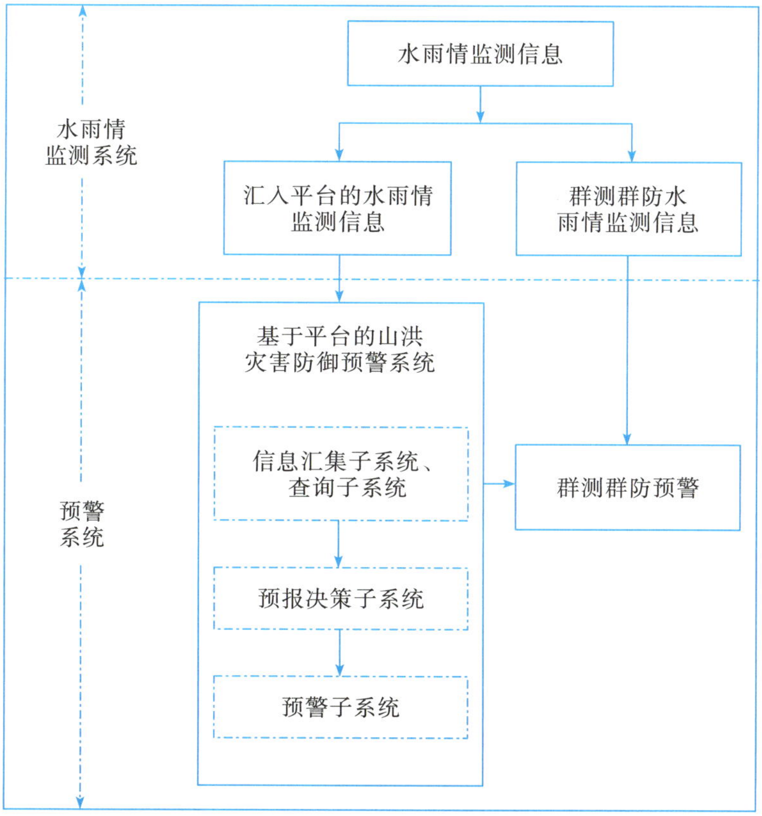

图 3.4-2　山洪灾害监测预警系统架构

山洪灾害预警系统由基于平台的山洪灾害防御预警系统和山洪灾害群测群防预警系统组成。基于平台的山洪灾害防御预警系统中的山洪灾害防治信息汇集及预警平台是该预警系统数据信息处理和服务的核心，主要由信息汇集子系统、信息查询子系统、计算机网络子系统和数据库子系统组成；基于平台的山洪灾害防御预警系统主要由信息汇集子系统、信息查询子系统、预报决策子系统和预警子系统组成，在县级以上防汛指挥部门建立，山洪灾害严重的区域应建立该系统，以获取实时水雨情信息，及时制作、发布山洪灾害预报警报；系统一般要求具有水雨情报汛、气象及水雨情信息查询、预报决策、预警、政务文档制作和发布、综合材料生成、值班管理等功能，并预留泥石流、滑坡灾害防治信息接口。群测群防预警系统包括预警发布及程序、预警方式、警报传输和信息反馈通信网、警报器设置等；预警信息、预警方式、预警信号等应根据各地的具体条件，因地制宜地确定，预警方式、预警信号应简便，且易于被老百姓接受。典型山洪灾害监测预警体系架构示意图如图 3.4-3 所示。

图 3.4-3　山洪灾害监测预警体系架构示意图

(2)水雨情监测系统

山洪灾害水雨情监测系统的设计目标是通过建设实用可靠的水雨情监测系统，扩大山洪灾害易发区水雨情收集的信息量，提高水雨情信息的收集时效，为山洪灾害的预报预警提供基本信息。现行的水雨情监测系统以雨量监测为主，水位和流量监测为辅，设计主要内容包括水雨情监测站网布设、信息采集、信息传输通信组网、设备设施设置等。

由于山洪灾害防御水雨情监测站的环境条件恶劣，因此选用的监测方法、技术、设备应注重实用、可靠，符合山洪灾害监测预警的实际需求。山洪灾害监测设备的选用原则为以简易监测为主，因地制宜地建设人工监测站和适量的自动监测站，不同监测方式监测设备设施及报汛工作体制总结如表3.4-2。

表3.4-2　　山洪灾害监测方式及报汛工作体制总结表

监测方式	雨量观测设备	水位观测设备	流量观测设备	报汛工作体制
简易监测站	简易雨量观测器	简易水尺桩、固定建筑物或岩石上标注水位刻度	无	简易雨量站采用有雨观测、下大雨加强观测的工作体制，有条件时及时上报；简易水位站在有雨时或接到通知时观测，水位接近成灾水位时加强观测，有条件时及时上报
人工监测站	虹吸式雨量观测设备	水位观测尺	无	人工监测站采用定时观测、定时报汛的工作体制，在暴雨天气状态下则加密观测、增加报汛段次
自动监测站	雨量传感器	压力式(压阻式、气泡式)或超声式水位传感器	一般采用常规简易流量测验方式，有条件的地区可采取半自动或全自动的测验方式	自动监测站采用定时自报、事件加报和召测兼容的工作体制；对超短波组网的自动监测站，则采用增量随机自报与定时自报兼容的工作体制

山洪灾害监测站网布设应该充分考虑区域历史山洪灾害、经济社会现状、河道地形资料和通信交通维护条件，布设站点以雨量站为主、水位站为辅。山洪灾害严重的区域原则上按照20～100km^2/站的密度布设自动或人工雨量站；在山洪灾害特别严重的村或山洪灾害易发区的暴雨中心，按照20～30km^2/站的密度布设自动或人工雨量站；简易雨量站按照每个村1个站进行布设。面积超过100km^{2}的山洪灾害严重的流域，且河流沿岸为政府驻地或人口密集区、重要工矿企业的，一般应布设水位观测站，有条件的可布设自动水位站；流域面积50～100km^{2}的山洪灾害严重的小流域，如果河流沿岸有人口较为集中的居民区或有较重要

工矿企业、较重要的基础设施，一般应布设人工水位观测站或简易水位观测站；山洪灾害严重的其他小流域，根据当地实际情况因地制宜布设简易水位观测站。

信息传输通信组网主要针对自动监测站和人工监测站的数据进行传输，水雨情数据传输常用的通信方式有卫星、超短波（UHF/VHF）、GSM 短信、GPRS，以及程控电话网（PSTN）等。考虑到南乌河流域基于 GSM 的 2G 信号已基本普及，建议考虑成本相对低廉、信号稳定的 GSM 网优先进行信息传输组网。

（3）信息汇集与预警平台

山洪灾害防治信息汇集与预警平台是根据各地山洪灾害防御工作特点和需求，利用通信、计算机网络和数据库应用等技术，建设（国家、省、县）各级防汛指挥部门山洪灾害防治信息汇集与预警平台，为山洪灾害相关数据信息收集、查询、决策和预警等服务。山洪灾害防治信息汇集与预警平台是山洪灾害监测预警系统的核心，主要由计算机网络系统和数据库系统组成，是数据信息处理和服务的核心。

山洪灾害防治信息汇集系统建设的主要目的是汇集各类数据，建立与上下级防汛部门以及气象、水文、土地部门之间的数据共享汇集机制，制定共享标准，统一数据交换格式，开发共享接口，全面汇集山洪灾害防治信息。具体功能包括实时雨水情数据、基础数据、山洪预警信息、气象信息和土地信息共享汇集。实时雨水情数据的共享机制根据监测站点的建设情况确定，有监测站点建设的直接从站点获得监测信息；无监测站点的，所需数据需要其他监测系统或水文部门提供。山洪灾害防治基础数据通过专门的数据上传页面，由县级用户以固定格式打包发送，每年汛前完成基础数据上报工作，上级防汛主管部门将基础数据进行解析、入库和处理。山洪预警信息由各县级平台用户进行上报，在上报过程中对数据来源、上报 IP 地址、上报时间、上报数据报文及数据处理情况进行记录。气象信息共享内容和格式由防汛部门和气象部门协商确定，内容应该包括监测预警需要的地面及高空的实时气象监测信息和气象分析预警成果。土地信息共享内容和格式由防汛部门和土地部门协商确定，内容应该包括地质灾害隐患点的基础信息和实时预警信息。信息传输网络拓扑图如图 3.4-4 所示。

（4）信息汇集、查询子系统

山洪灾害信息汇集、查询子系统主要包括监测站的实时数据接收处理和其他相关部门的共享与交换信息的处理以及各类信息的查询服务。其主要任务是完成平台所辖各监测站的水雨情信息的实时接收、处理和入库。信息查询子系统主要为防汛决策、系统维护管理等部门提供基于 WEB 方式的各类数据信息的查询服务。

信息汇集子系统主要由数据接收处理单元（硬件设备）和实时数据接收处理软件构成。数据接收处理单元主要由数据接收通信设备、数据接收处理计算机、电源以及设备安装设施和避雷系统组成。各自动监测站点的水雨情信息通过数据传输信道传输到平台后，进入数据接收处理计算机，通过数据接收软件实时完成监测站水雨情数据的实时接收处理，并存入数据库中。人工观测的水雨情信息通过语音电话报汛方式自动存入数据库中，或通过其他的人工报汛方式收集后采用人工录入的方式存入数据库中。

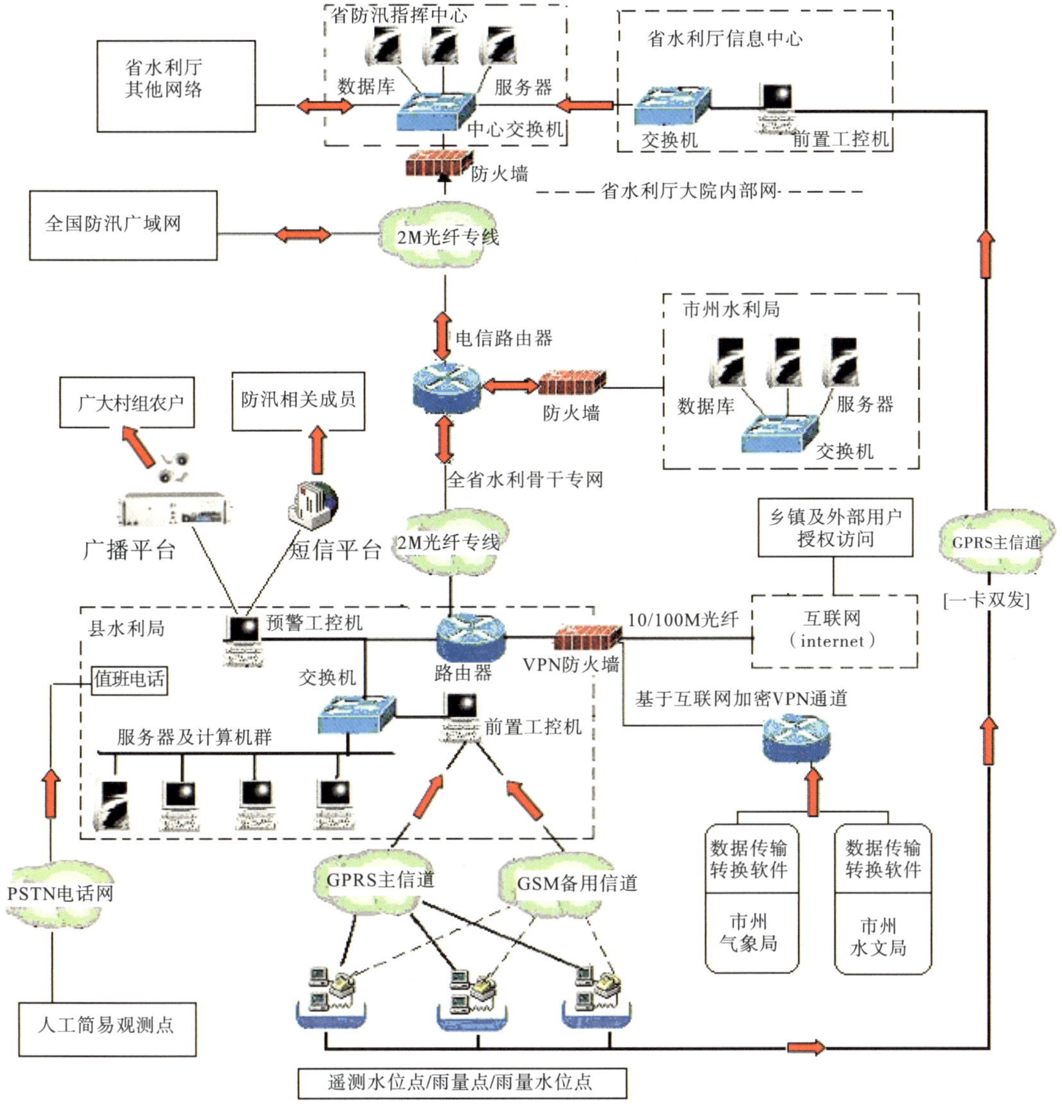

图 3.4-4　信息传输网络拓扑图

(5)预报决策子系统

山洪灾害预报决策子系统是以先进的计算机技术为基础，将采集到的降雨、水文实时数据与防汛、地质等历史数据进行融合，提高对水文、气象等灾情信息处理的能力，提高山洪灾害的应急抢险应对处置时效。预报决策子系统具有历史信息查询、洪水预报分析、灾害评估分析、山洪灾害预警等功能，主要由水雨情分析预报模块、预警信息生产模块和系统维护与管理模块组成(图 3.4-5)。

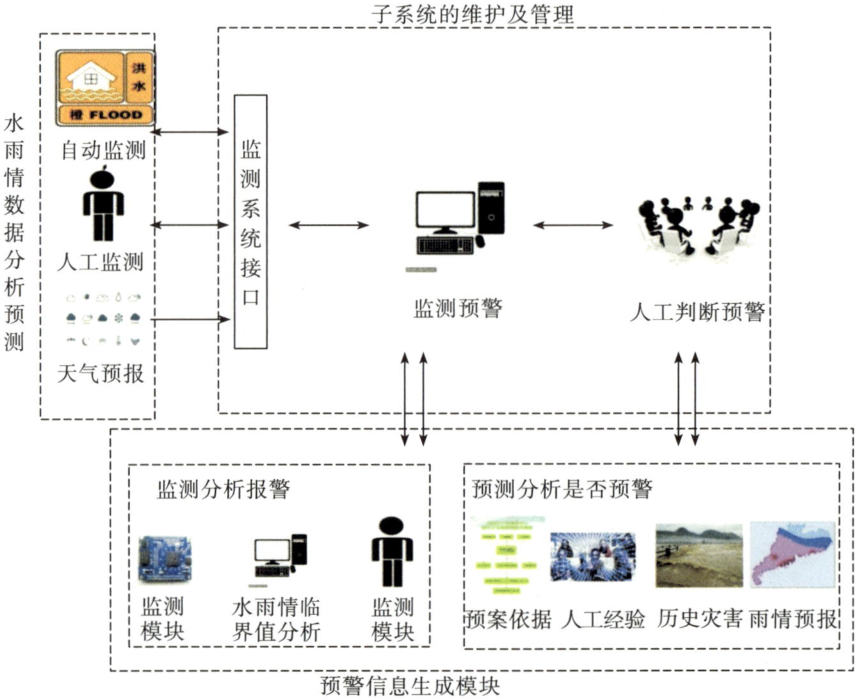

图 3.4-5　预报决策子系统模块关系图

水雨情分析预报模块主要功能:结合实时水雨情、气象预报信息,根据水雨情分析预报模型,对小流域、中小水库水位、流量进行预测,并输出预测结果。该模块的预报功能主要是通过对降雨量的观测来实现的,其判断的主要方法是先判定流域内降雨强度是否达到流域的临界雨量,在判定流域内是否会发生山洪灾害后,进一步计算雨量的大小和山洪的强度。

预警信息生产模块是根据决策结果实时编制预警信息,并将预警信息发送至对应的预警平台上。决策过程分析是整个预报决策系统的核心部分,主要通过对不同测站的数据实时读取,将其与临界雨量/水位对比,判定是否需要预警并生成预警信息。决策分析的原数据为各测站的实时信息,同时结合当地气象预报信息。

系统维护和管理模块具有控制系统权限的功能,通过对系统内容进行添加和删除,为系统维护提供工具。山洪灾害预报决策系统的使用对象主要包括系统管理员、预报分析员和普通用户。系统管理员负责对系统内容的查询、修改等功能进行权限设置,分析员具有部分信息修改权限,普通用户只具备查询信息的权限。

(6)预警子系统

山洪灾害预警子系统是在监测系统和监测预警平台预报分析决策的基础上,通过确定的预警程序和方式,将预警信息及时、准确地发送到山洪灾害可能发生的区域。其主要内容包括明确各级政府的预警信息发布流程、权限、内容、对象和发布方式,确定预警通信方案及设备。

预警子系统主要包括预警信息的获取和预警信息的发布。根据预警信息的获取渠道不同，预警信息的获取分为从各级建立的基于平台的山洪灾害防御预警系统获取信息和通过群测群防获取信息两种途径。预警信息的发布主要由各级山洪灾害防御指挥部门或者群测群防监测点上的监测人员通过预警信息传输网络和其他方式完成。子系统的组成及流程图如图 3.4-6。

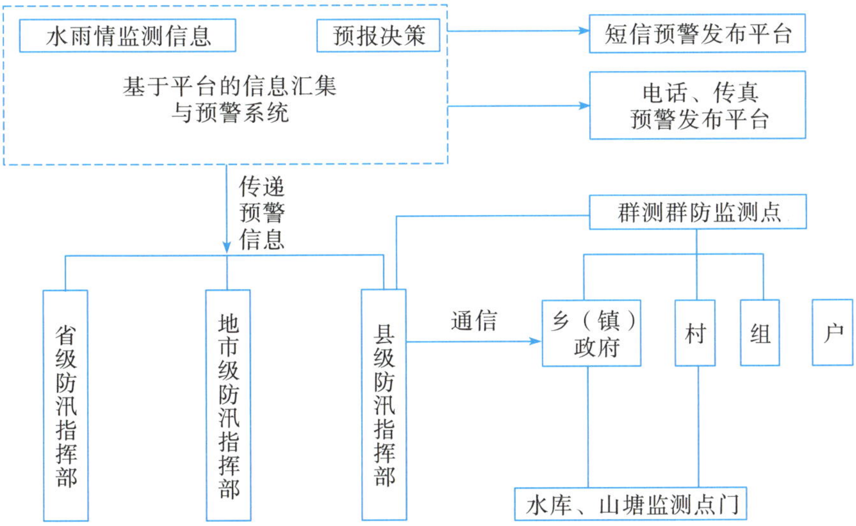

图 3.4-6　预警子系统组成及流程图

3.5　南乌河山洪灾害群测群防体系构建

山洪灾害群测群防体系是指山洪灾害防治区内各级单位和人民群众在水利和防汛主管部门及相关专业技术单位的指导下，通过简易手段，实现对山洪灾害的预防、监测、预警和主动避让的一种“自组织”式的防灾减灾体系。山洪灾害群测群防体系是山洪灾害防御工作的重要内容，与监测预警体系相辅相成、互为补充，共同发挥灾害防御作用，形成了“专群结合”的山洪灾害防御体系。

3.5.1　总体要求与内容

山洪灾害群测群防体系主要内容包括责任制体系、防御预案、监测预警、宣传培训与演练等内容（图 3.5-1）。依据中国的相关经验，山洪灾害防治区内的村按照“十个一”的标准进行建设：建立 1 套责任制体系，编制 1 个防御预案，至少安装 1 个简易雨量报警器（重点区域适当增加），配置 1 套预警设备（重点村配置 1 套无线预警广播），制作 1 个宣传栏，每年组织 1 次培训、开展 1 次演练，每个危险区应确定 1 处临时避险点、设置 1 组警示牌，每户发放 1 张明白卡（含宣传手册）。

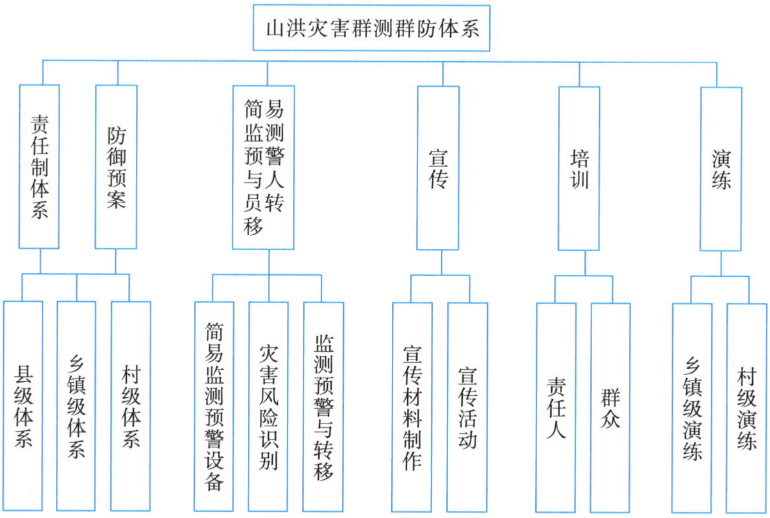

图 3.5-1　山洪灾害群测群防体系框图

3.5.2　责任制体系

南乌河流域的山洪灾害防御工作可实行县、村两级首长负责制，建立县（区）、村两级群测群防组织指挥机构。有山洪灾害防御任务的县级行政区，县级防汛抗旱指挥部统一领导和组织山洪灾害防御工作；有山洪灾害防御任务的村也成立简易的山洪灾害防御工作组。县级防汛指挥机构下设监测、信息、转移、调度、保障等 5 个工作小组和 2～3 个应急抢险队。同时，各村成立的山洪灾害防御工作组均要落实降雨和水位、工程险情、水库巡查监测人员，并确定信号发送员。各级机构山洪灾害防御责任分工如表 3.5-1。

表 3.5-1　各级机构山洪灾害防御责任分工表

机构	主体责任	具体分工
县级政府及防汛抗旱指挥部	统一领导和组织山洪灾害防御工作，负责辖区内山洪灾害普查评估、监测预警系统、群测群防体系建设，组织、协调相关部门各负其责，具体承担辖区内山洪灾害防御任务	组织实施山洪灾害防御预案，开展防灾演习，应急处置和抢险救灾等工作，统筹安排辖区内山洪灾害防治非工程措施运行管理经费，督促乡镇和村、组开展雨情、水情的日常监测预警、应急处置、抢险救灾、宣传培训、防灾演练等，协助上级主管部门开展汛前检查、汛中检查、汛后检查，做好山洪灾害防御有关资料和预案修订、危险区划定等汇总、上报和年度工作总结
村组山洪灾害防御工作组	负责本村内山洪灾害简易雨量和水位观测、预警，并做好记录、上报，组织人员转移、安置和抢险等工作	参与本村域内危险区的日常巡查，并组织受威胁区群众撤离转移，配合各级政府部门做好自救、互救、安置工作，配合上级有关部门完成辖区山洪灾害防御年度工作总结

3.5.3　防御预案

山洪灾害防御预案是指在现有工程设施条件下，针对可能发生的山洪灾害编制的方案、对策和应对措施。山洪灾害防御预案是防汛指挥部门实施指挥决策、防洪调度和抢险救灾的依据，是基层群众“防、抢、救”等各项工作的行动指南，在山洪灾害防治非工程措施中占有举足轻重的地位。

县级山洪灾害防御预案的编制内容应包括：①调查县域自然和社会经济基本情况、山洪灾害类型、历史山洪灾害损失情况，分析山洪灾害的成因和特点；②确定县级山洪灾害防御部门职责和人员；③明确区域内有山洪灾害防治任务的村及山洪灾害防御措施；④充分利用监测通信和预警设施、设备，确定预警程序和方式，根据预报及时发布山洪灾害预警信息；⑤规定转移安置要求，拟定抢险救灾、灾后重建等各项措施，安排日常宣传、演练等工作。

山洪灾害应急处置流程设定是防御预案编制的重点。按照危害程度和发展趋势，山洪灾害可分为特重大、重大、较大、轻微四级。按照不同级别采取不同的应急处置流程：当灾情等级为轻微时，启动村级简易防御预案；若灾情升级，则向县级防御指挥机构申请启动县级防御预案；当灾情等级为重大或特重大时，县级防御指挥机构在开展应急抢险的同时还应将灾情报送至国家级防御指挥机构，并视灾情大小请求上级指挥部门支援。应急处置流程如图 3.5-2 所示。

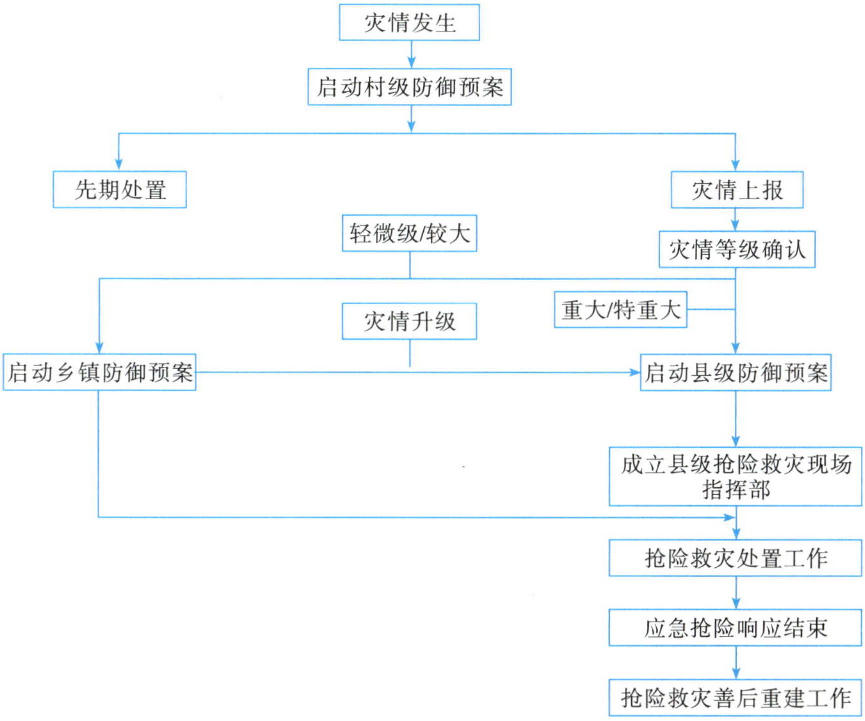

图 3.5-2　山洪灾害应急处置流程图

3.5.4 简易监测预警

简易监测预警采用相对简便的方法监测雨量和水位，并及时向受威胁群众传播预警信号，一般由山洪灾害防治区群众进行操作使用。简易监测预警设备分为两类：一是自带监测和报警功能的设备，包括简易雨量报警器和简易水位报警器；二是预警信息扩散传播设备，包括无线预警广播、铜锣、手摇报警器、高频口哨等。简易监测预警设备如图 3.5-3 所示。

图 3.5-3　简易监测预警设备

简易雨量报警器是在山洪灾害防御实际工作中创造出来的，并经过不断改进升级。目前常用的简易雨量报警器由室外承雨器和室内报警器两部分组成：室外承雨器采用翻斗式雨量计采集降雨，采集到的雨量数据通过无线或有线传输发送至室内报警器；室内报警器具有雨量统计功能，通过微处理器分析和判断降雨数据，达到临界雨量发出声、光、语音多种方式报警，警告群众警惕可能暴发的山洪。简易雨量报警器一般安装在空旷平坦，不受地形、树木和建筑物影响的地方。简易雨量报警器使用时需预设报警阈值，可依据山洪灾害调查评价工作中计算确定的预警指标来设定。

简易水位报警器最初为木桩、石柱等简易水尺桩，并在其上标注水位刻度，以方便监测员直接读数，并根据各监测点实际情况，标注预警水位。一般用防水耐用油漆醒目标注“警戒水位、转移水位、历史最高水位”等特征水位线或标识，既可观测水位，又可以起到宣传作用。随着设备的发展，简易水位报警器目前具有实时水位监测、预警水位（准备转移、立即转移）指标设定、报警以及报警数据查看等功能。当河流水位达到预警指标时，可通过声、光信号自动进行原位报警，同时通过无线和有线方式将预警信号传输至下游报警终端，通过声、光同步报警。简易水位报警器内设的报警阈值（水位预警指标）是指防灾对象上游具有代表性和指示性地点的水位，洪水从水位代表性地点演进至预警对象控制断面处，可能会造成山洪灾害。

山洪灾害预警信息发布有多种现代化的方式和途径，如手机通信、短信息、电视、广播等，但预警信息发送最有效最重要的设备是基层简易预警设备，包括无线预警广播、铜锣、鼓、手摇报警器等。无线预警广播是一种接收多种预警信号源并进行放大，以驱动扬声器产生高分贝音源传递给山洪灾害防治区群众的预警设备。可与广电系统的村村通大喇叭工程统筹建设与应用，大范围覆盖山洪灾害防御区域。预警广播系统由广播发射端和广播终端组成，发射端接收县、村各级监测预警平台和群测群防设施设备的预警信息，并将预警信息发送到预警广播终端。其他预警设备有手摇警报器、铜锣、鼓、高频口哨、手持扩音器、对讲机等，这些设备具有经济实惠、操作简便的优点，在电力中断、通信中断等情况下，是传递预警信息的最后一道保障。

3.5.5 宣传、培训与演练

宣传、培训和演练是山洪灾害群测群防体系的重要组成部分，通过培训和演练，让山洪灾害防治区居民认识到防御山洪灾害和溺水的重要性，进一步提高对山洪灾害的认识和理解，能有效地提高自救能力。

宣传的目的是进一步提高山区群众对山洪灾害的认识，强化躲灾、避灾意识。常采取出动宣传车，出标语、横幅、宣传栏，设立警示牌，编制并印发山洪灾害防御手册等多种形式。

培训通常在每年汛期来临之前开展，对县、村山洪灾害防御指挥人员、责任人、监测人员、预警人员、村负责人进行山洪灾害专业知识培训。培训主要内容为山洪灾害成因及特点、山洪灾害防御形势、山洪灾害防御基本知识、山洪灾害监测预警系统的运行操作流程等。县级山洪灾害防御指挥部组织对相关人员进行本县山洪灾害监测预警系统组成及技术、数据信息汇集及预警平台或信息终端使用与维护、计算机网络故障诊断和处理方法、自动监测站操作维修与运行管理、人工及简易监测站观测及报汛等技术培训，保障监测预警系统的正常运行。县级山洪灾害防御指挥机构还应组织对村信息员、信号发布员进行信息收集整理方法、预警信号发布方式方法的培训，保障群测群防工作有序、有效开展。

演练的目的是通过组织群众进行避灾演习活动，提高群众的灾害防范意识，使每位群众都清楚转移路线、安置地点。即使在电力、通信等中断的情况下不乱阵脚，安全转移。演练内容包括应急响应、抢险、救灾、转移、后勤保障、人员转移、安置等。山洪灾害严重区域的乡镇每年汛前结合修编预案，及时组织开展一次山洪灾害避灾演练。

3.6 总结与展望

3.6.1 总结

中国与湄公河国家地缘相近、人缘相亲、文缘相通，自古以来就是睦邻友好国家。自2014年以来，中国与湄公河国家在水资源领域签署了一系列合作协议或谅解备忘录。为落实相关精神，澜湄水资源合作中心于2017年组织实施了“澜湄国家山洪灾害防治技术推广与示范”项目，以国际交流与合作为重点，基于澜湄流域各国在山洪灾害防治方面的国家需求，开展山洪灾害技术推广与示范，考虑到老挝在山洪防治领域的起点较低，因此选取老挝南乌河流域作为示范区域，开展山洪灾害防治技术构建与示范。该项目将国内在山洪灾害防治方面取得的技术优势和科技成果应用于示范区，培养山洪灾害防治技术人才和管理人员，推行“以人为本，科学防御”的山洪灾害防治理念，建立适合澜湄流域国家国情和区域特色的山洪灾害防治体系，为区域经济发展和人民财产安全提供保障。

项目的总体目标是通过加快实施澜沧江—湄公河流域山洪灾害防治规划，加强监测预警系统建设，建立基层防御组织体系，提高区域山洪灾害防御能力。主要分三步实施：(1)区域山洪灾害现状分析，以示范区为对象，采用遥感解译技术，分析示范区山洪灾害孕育环境，计算区域山洪灾害风险性；(2)区域山洪灾害防御体系构建，选择典型示范区，开展山洪灾害非工程措施建设，在山洪灾害现状分析成果的基础上，探究区域防治需求，构建区域山洪灾害防治体系；(3)山洪灾害防治技术培训，以澜湄流域技术和管理人员为对象，普及山洪灾害形成原理、小流域暴雨洪水形成规律、山洪灾害监测预警技术、山洪灾害工程和非工程措施建设等内容。该项目的执行，提高了老挝南乌河流域对区域山洪灾害的防御能力，对老挝实现区域经济发展、保障人民生命财产安全，促进区域和谐发展具有重要意义。同时，也加强中国与老挝之间的交流与合作，推动我国先进水利知识、水资源管理利用理念和水利技术走出国门，服务和提升湄公河国家水资源开发利用与管理能力，更好促进湄公河国家经济社会发展。

3.6.2 展望

澜湄国家小流域山洪灾害监测预警机制的发挥，依赖于监测预警设施和相关预警指标阈值的建立。澜湄国家山洪灾害防治技术推广与示范项目着眼于帮助湄公河国家明确适宜的山洪灾害风险评估技术方法、培养专业技术和管理人才，在防治理念和基层组织层面建立基本的山洪灾害防御体系，并未涉及监测预警设施布设和预报预警方法的相关内容，而这些内容如果不能得到及时的补充完善，小流域山洪灾害监测预警的正常运行将无从谈起，山洪灾害防御体系也仅会停留在初级阶段。

未来，希望湄公河国家在国际社会的帮助下，逐步建立适用于本国的山洪灾害防治体系，包括建立预报—预警—灾害实际处理的完整灾害防御与防治体系，加强灾害预报与防治科学研究，研发或引进国际先进灾害监测与应对所需的设备设施，加强相关领域管理和技术人员综合能力培训，加强山洪灾害治理国际合作，如建立示范项目、引进先进设备、增加人员沟通与交流等，多方位多角度推动山洪灾害防治能力提质升级，更好保障人民生命财产安全，保护社会发展成果。

澜湄国家山洪灾害防治技术构建与示范项目旨在结合澜湄流域山洪灾害特点与我国先进山洪灾害防治技术，共同提升湄公河国家山洪灾害防治能力，减少山洪灾害带来的危害。未来，可基于此次项目的执行成果和经验，持续优化和改进类似项目的执行方案，并持续凝练成果和收集效果反馈，结合湄公河国家山洪灾害现状、防治需求及技术应用条件，持续开展示范项目，助力湄公河国家山洪灾害防治能力建设，推动澜湄水资源合作走深走实。

第 4 章　水资源科学技术研究院建设

CHAPTER 4

4.1　柬埔寨水资源科学技术研究能力现状与需求

4.1.1　水资源科学技术研究能力现状

(1)管理机构

柬埔寨水资源相关机构主要为水行政主管部门，包括柬埔寨水利气象部、柬埔寨国家湄公河委员会、洞里萨湖管理委员会以及各省水利气象厅/局，暂无水资源相关的科研机构。

柬埔寨水利气象部成立于 1998 年，根据 2007 年 7 月颁发的水资源管理法，水利气象部的职责为监督及管理所有水资源及气象相关的活动，降低水相关危害，负责战略规划、科学研究和监控等。其主要工作为编制法律框架，建设灌溉、防洪、抗旱等水利基础设施，收集整理水资源基础信息等。水利气象部由六个行政管理层组成：部长、国务卿、副国务卿、总干事、副总干事和部门主管(中央和省政府)。

柬埔寨国家湄公河委员会属政府机构，成员来自 17 个直属部门和委员会，由水利气象部部长担任主席，由秘书处协助。其主要职责是协调《湄公河协议》的实施，开展湄公河流域内与水相关的规划与项目，并与直属部门、国际发展合作伙伴及国际机构协同工作，协助湄公河水资源的开发与管理，具体任务包括收集水资源数据、开展水资源相关研究、评估水资源的环境有效性等，同时促进湄公河委员会与柬埔寨政府机构间的联络。

洞里萨湖管理委员会是柬埔寨水利气象部下属的委员会，包含四个管理局，分别是行政、财政与国际合作管理局、水资源管理局、经营管理局、法律宣传管理局。洞里萨湖管理委员会管理范围为洞里萨湖、湖周 11 条小河及周围淹没的森林和泛滥平原，管理的对象包括水、丛林、土地、农业、人居环境、渔业等。具体任务包括开展湖泊生态系统、渔业和灌溉等方面的研究，制定相关政策、战略规划和项目计划，并推动规划与项目的实施，开展水资源相关监控和评价，收集、分析并整理监测数据等。

各省水利气象厅/局隶属于水利气象部，主要负责省内水利工程的建设和管理。根据调研，省水利气象厅管理人员约 1/3 属临时聘用人员，管理人员缺乏。此外，管理经费不足，难以承担水利工程的运行维护与管理工作。

(2)学科专业

目前,柬埔寨境内没有水资源相关的大学院系、专业研究院所,水利学科专业体系尚未建立。

(3)人才队伍

柬埔寨水资源相关从业者约 900 人,主要集中在政府部门,其中约 600 人在水利气象部,剩余 300 余人在下属各省水利厅/局和柬埔寨国家湄公河委员会,科学技术人员很少。

(4)研究平台

柬埔寨水利气象部水质实验室是其境内仅有的一个水环境实验室,设在金边,隶属于柬埔寨水利气象部,主要检测全国各地送来的样品。常规水质检测频率为 1 个月 1 次,在监测站点人工取样后,送至金边检测。

该水质实验室规模较小,检测能力及条件比较落后,难以满足水环境监测及科研需求。实验室工作人员不足 10 人,有 7 个房间,单个房间面积约 30 m^2,总面积约 200 m^2;实验室配置的仪器设备少,检测参数极为有限;实验室条件简陋,没有通风橱和标准台柜;相关仪器设备未经过检定,水质监测的准确性缺乏质量保证。此外,实验室所需的材料、试剂、器皿、高纯气体等大多需要进口,柬埔寨当地没有生产能力。此外,金边皇家大学的资源与环境学院能够开展一些基础的水环境检测和研究工作;柬埔寨技术学院的实验室能够开展一些基础的混凝土、岩土试验和研究工作,所配备的设备以混凝土、岩土基本物理参数检测为主,且大部分比较落后。

总体而言,由于经济相对落后、投入严重不足,柬埔寨水资源相关的科学研究还处在起步阶段。目前,柬埔寨国内没有完整的水利科研机构,水利学科体系暂未建立,技术设备平台相对落后,水利相关科研人员不足。

4.1.2　水资源科学技术研究能力发展需求

(1)亟待解决的水资源科技问题

①农业灌溉

农业是柬埔寨的支柱产业,水利是柬埔寨农业发展的命脉,农田水利灌溉条件是制约农业生产力提高的主要因素。目前,柬埔寨农业灌溉基础条件较差,渠系配套建设不完善。灌溉骨干水源工程缺乏,尤其是大型工程数量较少,水资源开发利用和水资源调节控制程度不高,工程供水能力不足。柬埔寨农业灌溉工程建设以外援为主,很多工程只修了干渠或支渠,再往下一级的斗渠和农渠往往缺乏资金修建,田间工程配套不足。而且灌溉水利用率低,水资源浪费严重。柬埔寨灌区工程建设标准低,“三面光”工程很少,除少量干渠和支渠局部衬砌,大多数渠道为土渠,渠道防渗差,渠道输水损失大,灌溉水利用系数低于 0.4。此外,灌区灌水方式粗放,多数农田直接从干、支渠取水,采用串、漫灌方式进行灌溉,不仅造成灌溉用水不均，且水量浪费严重。工程管理水平较低，无法满足可持续使用要求。存在重建设、轻管理现象，管理设施不配套，管理手段落后，制度不健全，管理队伍技术力量薄弱，有些工程仅有一人甚至无人管理。灌溉用水免费或低价，造成工程运行收不抵支，正常的配套、维修、管理等资金难以落实，灌区工程老化和效益衰退现象日趋严重。

②城乡供水

柬埔寨城乡供水设施建设不完善，自来水普及率低。柬埔寨供水设施落后，缺乏统一的自来水管网供水设施，自来水普及率低，大量居民生活用水的水源为河道水、雨水或地下水。由于供水设施年久失修及水质污染，供水保证率低，饮水安全问题未得到解决。根据2008年的统计，柬埔寨城区仍有125万人口依靠原水，无法获得干净安全的供水。柬埔寨用水方式粗放，水资源浪费严重。城镇自来水供水管道年久失修，管网漏损情况十分严重，浪费现象普遍存在。局部地下水超采，造成地陷威胁。暹粒等地区的土壤为砂性土，砂层含水饱和度较高。随着暹粒市郊区的酒店、宾馆和居民用水量的不断增加，地下水大量开采，导致含水层降低，易形成垮塌，对地面建筑物尤其是文物古迹造成威胁。基础设施落后，饮用水安全难以保证。由于缺乏安全饮水供水设施，大量农村居民只能常年饮用受污染的地下水，饮用水水质安全难以保证。管理部门较多，管理能力薄弱，缺乏统一规划。除金边和暹粒，其他主要省份均由柬埔寨工业矿产能源部（MIME）制定卫生设施修建工程计划，但缺乏相关的管理计划。自来水管道存在私拉乱接问题，水费征收得不到很好的落实。

③洪旱灾害

柬埔寨水资源时空分布不均，洪旱灾害频发。自2000年以来，大洪水灾害事件发生4次，分别在2000年、2009年、2011年和2013年。2016年，受强厄尔尼诺现象影响，柬埔寨遭遇百年一遇的大旱，出现全国性的严重缺水。水旱灾害不但损害了农作物，造成农业减产、农民收入下降，还导致大量的人员伤亡、财产损失和基础设施毁坏。2000—2013年一共有919人因洪水而死亡。2013年，由于洪水灾害，农作物的损失约1.5亿美元，公路等基础设施的损失约8000万美元，教育设施损失约1550万美元。

柬埔寨水文基础资料较为缺乏。柬埔寨全国仅有31个水文站，各站资料系列长短不一，其中只有17个站点径流资料系列长度大于10年，最短的只有7～8年。监测站网少、监测序列短、监测资料缺乏整合等问题，严重制约了洪旱灾害领域的研究。缺少相应防洪标准与防洪体系。由于尚未构建相关的防洪标准和防洪体系，目前无法评估各城市防御洪水的能力。每年汛期的防洪工作部署主要依据实测水文数据、水利气象部的洪水预报成果，以及相关历史防洪经验，具有很大的不确定性。部分地区工程设施不完善，防洪能力不足。柬埔寨境内湄公河及其支流，以及洞里萨湖大部分处于天然状态，防洪工程少，大部分省份存在防洪工程设施不完善、防洪能力不足的问题。信息化技术缺乏，洪水预报预警能力亟待加强。目前，信息化技术在柬埔寨未得到广泛运用，仅被运用到湄公河干流洪水的预报预警。然而，湄公河干流洪水预报模型系统仅能对干流水情开展定量预报，并未实现支流洪水水情以及洞里萨湖区水情的定量预报。

④水力发电

柬埔寨水力发电领域缺乏普查与规划，未能统筹综合利用。水电开发未作为水资源综合利用项目进行统筹考虑，在灌溉工程及配套设施建设中，对具备设置一定发电功能的工程并未设置综合利用的发电站。电网建设滞后，电网等级和供电质量亟待提高。受资金限制，电网建设滞后，部分水电站生产的电力无法输送出去；电力系统不能完全连接，配电过程中产生大量损失，电网建设滞后已限制了柬埔寨电力的发展。供电结构不合理，供电电价较高。2014 年水电总装机 929.4MW，水电占比仅 38%，水电装机规模不大，只能局部供电，大部分仍然依赖柴油机发电系统，成本高昂。柬埔寨国家的各行业用电电价远高于国际标准。

⑤水资源保护

柬埔寨湄公河干流水质较好，支流污染日趋严重。湄公河干流各测站年均值均可达到Ⅲ类以上，但年内水质变化较大，雨季水质明显劣于旱季。支流中，巴萨河、洞里萨河、Sanikir 河受磅清扬、达克茂和菩萨 3 个城镇生活污水影响，位于城市下游的河段水质逐年恶化。随着城市人口的迅速增长、社会经济的逐步发展，柬埔寨国内各河流水环境呈下降趋势，水体污染加剧。全国 60%的地下水含水层位于淤积层，水质较差，化学污染、微生物污染严重，水体中砷含量较高。沿海地区地下水还受到盐水入侵的威胁。2007 年，湄公河委员会、前工业矿业和能源部、世界卫生组织、世界银行等机构的联合监测显示，超过 15%的地下水监测井含砷量超出 50μg/l(柬埔寨《生活饮用水水质标准》规定的安全饮水标准)，对人体健康危害较大。目前，柬埔寨暂未建立地下水监测网络，暂未开展地下水水环境日常监测，地下水监测覆盖率低，监测能力较弱。柬埔寨国内只有 19 个水质测站，仅覆盖国内湄公河干流、洞里萨湖、洞里萨河、巴萨河等 6 条河流和 1 个湖泊，其余地区无水质监测站。全国仅在金边设有一个水环境监测实验室，检测能力不足。国家对水环境监测投入不足，监测工作经费主要来源于湄公河委员会。

⑥水资源管理

柬埔寨水资源管理人员不足，管理经费缺乏。根据调研，各省水利气象厅管理人员约 60 人，其中 1/3 属临时聘用人员。省水利气象厅负责全省灌溉工程的建设管理，管理人员极度缺乏。此外，管理经费不足，年管理经费不足 20 万美元，难以承担工程的运行维护与管理工作。管理法规不完善，管理制度不健全。与水资源保护相关的法律仅有《柬埔寨水资源管理法》，国家水资源政策、供水条例等有待审批和实施。目前，流域水资源由水利气象部、工业与手工业部、能源与矿业部等部门多头管理，尚未形成有效的协调机制，流域综合管理水平亟待提高。管理能力不足，基础数据不系统。柬埔寨水文气象基本数据采集与管理能力薄弱，境内流域水文气象信息缺乏，在全国现有的 200 多个雨量站中，只有 20 个站监测数据的时间序列超过 15 年；水文测量主要集中在干流，支流的测量十分缺乏，难以支撑流域综合管理。

(2)建设需求

目前，柬埔寨在农业灌溉、供水、防洪、水力发电、水资源保护和水资源管理等方面存在诸多问题，特别是在农业灌溉、城乡供水、防洪减灾和水生态环境等领域存在一些亟待解决的科学问题。综合来看，柬埔寨水资源科研能力的建设需求，主要涵盖以下几个方面。

在农业灌溉方面，急需开展全国灌区普查，收集农业用水数据；合理规划灌溉渠系，兴建灌溉基础设施（骨干水源工程与渠系配套工程），打通“最后一公里”的瓶颈，提高灌溉用水效率；开展土壤和农作物相关研究，提高农作物产量；推动灌区农业信息化，科学调度减少水资源浪费；制定灌溉制度，培养农业灌溉人才，提高灌溉管理水平。

在城乡供水方面，急需建立供水体系，提高自来水普及率；建立供水水源水质监测网络，划分水功能区；构建地下水监测站网，加强地下水监测与评估，严格管控地下水超采；研发水污染治理、水环境修复方法与技术，加强水污染治理，降低疾病发病率。

在防洪减灾方面，急需完善水文气象监测站网，积累基础数据，开展洪水预报研究，提高预报的精度；建立有针对性的防洪标准、防洪体系，编制全国范围内的洪水风险图，完善洪水预报预警系统；兴建防洪工程，包括防洪堤、排涝泵站和闸门，以及具备一定防洪库容的水库，提高防洪能力；引入 3S、无人机等现代化信息技术，提高防洪决策支持能力。

在水生态环境方面，继续完善水质监测站网，开展日常水质监测，建立水质信息数据库；开展河湖水生态现状调查，建立河湖水生态信息数据库；建立适合柬埔寨国情水情的地表水、地下水环境质量标准；提高污水处理率，研发水污染防控、面源污染控制、水生态修复技术；开展水资源综合保护规划研究；开展河湖渔业资源调查，掌握渔业资源现状等。

上述问题涉及面广，解决这些问题需要掌握大量的基础数据和开展针对性的科学研究。由于经济相对落后、投入严重不足，柬埔寨水资源相关的科学研究尚处在起步阶段。目前，柬埔寨国内没有完整的水利科研机构，科研水平较低，实力较弱，技术设备比较落后，水利学科体系暂未建立，水利相关科研人员奇缺。柬埔寨水资源存在的上述科研问题与现有的科研能力极度不匹配，科研能力远不足以满足需求。因此，柬埔寨迫切需要借鉴周边国家特别是水利科研强国的经验，建立符合柬埔寨需求的国家水资源科学技术研究院，并建设相关学科专业，培养中高端水利人才，开展相关研究项目，搭建涵盖实验室、数学模型和野外科学观测站等在内的科研平台。

开展柬水科院学科体系及配套设施示范建设，逐步建立水资源学科的相关专业、规划水资源相关实验室并开展示范性建设，能够为柬埔寨水资源学科发展、实验室建设指明方向，提升柬埔寨国家在农业灌溉、城乡供水、防洪减灾和水生态环境等水利科学研究方面的专业地位，同时提升人才培养质量、科技创新水平和社会服务能力，增强水资源科学研究对柬埔寨国民经济和社会发展的科技支撑能力，具有重要的意义。

4.2 柬埔寨国家水资源科学技术研究院规划

4.2.1 总体建设规划

柬埔寨国家水资源科学技术研究院（以下简称“柬水科院”）学科组织结构规划分为四部

分，分别是管理层、学术交流中心、科研保障部门和科研实体部门，如图 4.2-1 所示。

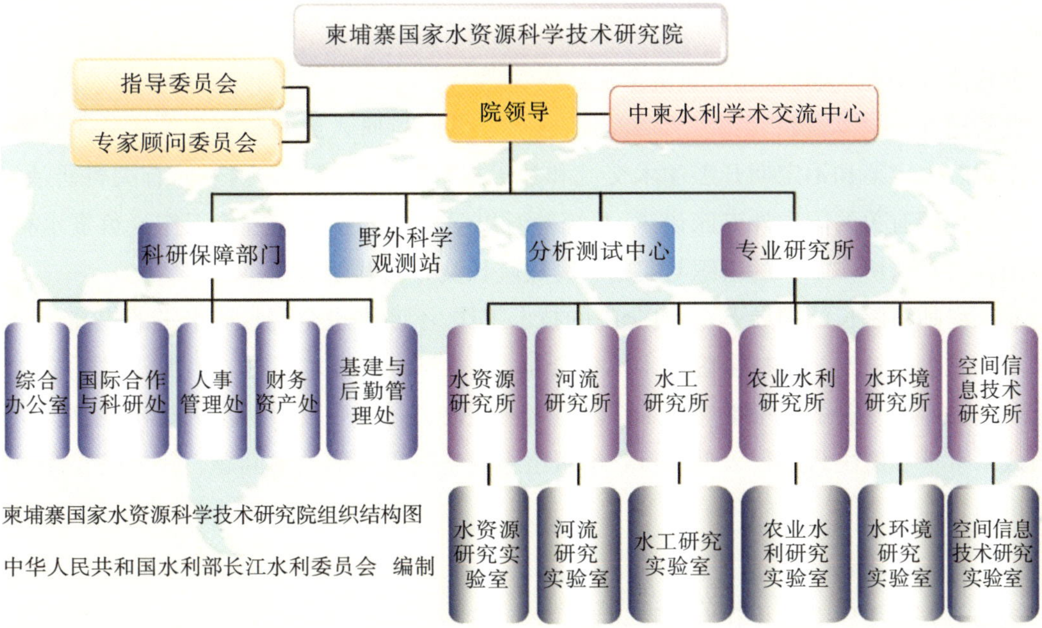

图 4.2-1　柬水科院组织结构图

管理层主要包括院领导、指导委员会、专家顾问委员会；科研保障部门即职能部门，根据需要拟设置 5 个，分别是综合办公室、国际合作与科研处、人事管理处、财务资产处、基建与后勤管理处；科研实体部门分专业研究所和专业实验室两类，其中专业研究所包括水资源研究所、河流研究所、水工研究所、农业水利研究所、水环境研究所、空间信息技术研究所，专业实验室包括水资源研究实验室、河流研究实验室、水工研究实验室、农业水利研究实验室、水环境研究实验室、空间信息技术研究实验室，即每个研究所下设 1 个专业实验室。

4.2.2　管理层建设规划

（1）院领导层

根据柬水科院发展需求，拟设置院长 1 名，副院长 2 名（1 名分管科研、1 名分管业务），总工程师 1 名。

院长的主要职责为：全面主持水科院工作，包括学科规划、科研管理、财务、人事、外事、基建等，分管中柬水利学术交流中心。掌握水科院有关学科领域和项目的科学技术发展状况，对科研方向、任务提出建议，并制订水科院科研远、近期规划和实施办法，组织实施、协调并定期检查各项工作开展情况。

分管科研副院长的职责为：负责全院科研管理工作，联系国际合作与科研处、各专业研究所和各专业实验室。组织贯彻执行上级有关科研方面的方针、政策、规定，按要求完成任务。组织全院开展科研工作,组织科研团队,进行科研项目申报。对科研课题立项、成果验收进行初步审查,组织专家顾问委员会讨论,确定项目申报名单。完成院长交办的其他事项。

分管业务副院长的职责为:负责全院业务管理工作,联系人事管理处、财务资产处、基建与后勤管理处。拟定全院科研人员培养计划,负责组织科研人员的业务培养及科研能力考核。组织院内定期和不定期开展学术交流和学术报告。组织参加国内外的有关科研活动,组织安排接待有关的国内外专家讲学,并统筹对讲学内容的整理与宣传工作。负责水科院科技服务、咨询、协作工作的组织与实施。完成院长交办的其他事项。

总工程师在院长的领导下,负责全院的技术工作,不断推进全院科研水平的提高。对全院技术成果进行核定。主持全院技术工作会议,布置与检查技术工作。负责技术标准体系建立,科技成果、专利的技术推广等工作。负责解决研究过程中发生的重大技术问题。负责科研成果审核和解决跨学科大型项目。申报组织实施过程中的技术问题。完成院长交办的其他事项。

(2)委员会建设规划

委员会分为指导委员会和专家顾问委员会。其中指导委员会由柬水科院上级管理部门人员和发展建设出资方组成。指导委员会拟设主任委员 1 名、副主任委员 1 名、委员 2 名。主任委员由上级管理部门推举,采用兼任的方式。副主任委员由发展建设出资方推举。委员包括发展建设出资方 1 名、上级管理部门人员 1 名。指导委员会的主要职责有:为柬水科院的发展建设提出指导意见和建议;参与制定重大决策;加强与相关水利机构、企业的联系,促进合作。

专家顾问委员会由院内外热爱水利水电科技事业、支持柬水科院科技事业发展、具有较高专业技术水平,并在本专业有一定知名度和代表性的科研及管理人员组成。专家顾问委员会设主任委员 1 名、副主任委员 2 名,副主任委员含中国水利行业专家 1 名。委员 10 名左右,包含中国水利行业专家 1~2 名,采用兼任的方式。专家顾问委员每届任期 5 年,可连任。专家顾问委员会主任委员由院长兼任。副主任委员候选人由主任委员提名,院长会议批准后,由院长聘任。专家顾问委员会的主要职责为对院重大科研方向及重大科技问题提出咨询意见或建议;讨论评议院领导、专家顾问委员会委员及其他部门提出的有关科技问题;院科技发展规划的咨询,科研机构设置的咨询,院科研条件设施重大建设项目的咨询,重大科研项目的咨询、执行情况的检查、评估和成果质量把关;以及负责院科学技术相关奖的评审。

4.2.3 学术交流中心建设规划

根据柬水科院水利学术交流需求,学术交流中心拟配备主任 1 名,副主任 1 名,办事员 2 名。学术交流中心的主要职责为组织柬埔寨水利工作者赴他国考察、交流、培训和研修,并提供外事服务;组织与接待他国水利工作者来柬埔寨考察、交流和培训;组织和承办各种水利国际合作学术会议及培训;组织或协助国际水利科技合作项目的实施,建立长期国际合作关系,将其建成一个科研合作交流平台;组织重要国际水事相关的科学研究与成果交流。

4.2.4　科研保障部门建设规划

(1)综合办公室

综合办公室是负责部门协调、监督管理、公文处理、院公章管理、来访接待、档案管理、发展规划编制等工作的职能部门。综合办公室的主要职责有:负责院内有关会议的组织、协调及记录;负责全院公文的管理,包括外来文件的收发、传递、催办、督办,院发文的审核、管理,请示签报的流转等;负责院公章的保管和使用;负责全院文书、科技、基建、财务档案(照片、音像、图纸等)的立卷、归档、存档及管理、借阅等;负责院来宾的接待;负责全院保密工作;组织编制院发展规划、年度工作计划和重大技术改造计划,参加审议并检查执行情况;完成领导交办的其他事项。

(2)国际合作与科研处

国际合作与科研处是水科院规划、组织、协调和管理境内外合作交流、科研业务工作的职能部门。国际合作与科研处的主要职责有:负责水科院国外交流与合作的对外联络工作,接待国外来访团体;负责与国外高水平水利科研院所的交流,引进国外优质人才,探索多种模式的国际联合培养运作方式,开展全方位、宽领域、多形式的合作;负责引入国外先进设备和平台;组织团体赴国外参加国际会议、国际博览会、科技交流和考察等;负责办理因公出国人员的护照、签证以及长期聘用外籍教授等外事手续;负责科研项目管理相关规章制度、办法的编制和修订,科研项目的执行和监督管理,科技成果归档、信息统计与发布、成果验收与鉴定,成果转化、技术推广与专利等知识产权管理;组织制定水科院科技发展规划,编制各类科研计划,负责科技项目立项、合同和技术市场的管理,负责科研计划统计工作的组织与汇总等;编制院科研平台建设和仪器设备购置计划,负责组织与协调实验室、科研仪器设备的建设、运行、维护管理以及相关规章制度的编制与修订等;负责各类委托咨询、评估项目的组织协调;负责科研项目实施经费的融资。

(3)人事管理处

人事管理处为院人事、劳动工资、社会保险、劳动保护、职工教育等的统一归口管理单位。人事管理处的主要职责有:负责全院人事管理、机构编制、劳动工资、社会保险及档案管理等工作;对院属各单位领导班子和后备干部队伍建设提出建议,负责院管干部的日常管理、干部的调配、聘任和交流工作;负责组织专业技术职称(务)的评聘工作和初聘专业技术职称(务)的确认;负责职工录用、考核、培训、工资福利和奖惩及职工退(离)休手续办理;负责组织在职职工岗位培训、继续教育及外语培训等;参与院各项改革,拟定相关人事、劳动制度、办法等,并负责组织实施。

(4)财务资产处

财务资产处是组织、协调全院财务资产管理的职能部门。财务资产处的主要职责有:负责拟定财务资产管理工作规划和年度计划,向院领导报告实施情况;负责全院经费资产的管理,掌握全院的经费活动情况,统一调度好各项资金,使有限的资金充分发挥效益;根据总体规划要求,统筹安排好各项财务资产管理工作,对院、所涉及财务资产管理方面的实际问题提出建议;负责了解掌握院、所年度科研事业任务及各项经费、资产使用情况,分析财务资产管理状况,积极组织开源节流,针对存在的问题,及时提出改进和加强管理的意见或建议,并上报院领导;负责年度各项经费预算安排,量入为出,精打细算,对经费资产管理(开支)有明确的审批程序和权限规定;负责协调财务资产处与上级以及院、所等有关单位的财务资产管理关系;负责管理院国有资本金(含房产、仪器设备、机械设备等),办理产权变更、产权年检等工作,建立健全规章制度,明晰产权关系;负责组织房屋、仪器设备、机械设备等资产的清查、登记、统计报表及日常监督,办理资产的调拨、转让、报废、报损等手续;负责组织仪器设备、机械设备采购验收,参与基建竣工验收等工作;负责全院工资、奖金、补贴、医疗等经费的计算、发放和解缴工作;负责全院基本建设经费的筹措、结算、决算等工作;负责全院外汇经费的结算、审核、决算和年检工作;参与院重大经济决策和经营管理。

(5)基建与后勤管理处

基建与后勤管理处是水科院基础设施建设和后勤服务的管理部门。基建与后勤管理处的主要职责有:根据总体规划,组织实施水科院的基础设施建设、后勤服务工作总体规划,年度实施计划;按照水科院基础建设有关规定和程序,负责组织建设工程项目报批、勘察、设计、施工及监理等工作;负责建设工程项目全过程的质量、投资、工期等管理工作,以及竣工验收和交付使用手续的办理;负责基础建设项目招标、设计、施工图纸等资料的整理、建档、移交和归档工作;负责基础设施的日常管理、后期维护和维修等工作;负责院内绿化、清洁等方面的管理、监督与协调;负责基础建设年度统计和总结工作,按要求做好各项基础建设统计工作。

4.2.5 科研实体部门建设规划

根据柬埔寨国内水利科研的迫切需求,共规划建设6个专业研究所,分别是水资源研究所、河流研究所、水工研究所、农业水利研究所、水环境研究所、空间信息技术研究所。

(1)水资源研究所

水资源研究所主要致力于研究柬埔寨境内水文气象、水资源综合管理、水资源配置与调控等领域中的重大科学问题、关键技术、政策法规、管理体制等,同时提供技术咨询服务。可建立水资源研究实验室,构建水文与气象监测站网,引入国外先进的水文模拟、地下水模拟技术。下设水文气象研究室、水资源研究室、地下水研究室共3个研究室,各室主要研究方向如下。

水文气象研究室：水文与气象监测站网规划，水文预报研究，大气水循环与水量平衡研究，流域水文循环过程与规律研究，流域产汇流模拟，水文模型与流域水循环模拟。

水资源研究室：水资源调查评价，地下水监测与评估研究，水资源供需评估分析，水资源综合规划，水能资源普查与规划，水资源政策法规研究，水资源安全风险分析，水资源优化调度研究等。

地下水研究室：水文地质勘查、地下水资源利用与管理、水文地球化学调查、地下水资源评价、地下水供水安全研究、地下水污染与防治研究、地下水数值模拟研究、地下水污染评价等。

(2)河流研究所

河流研究所主要在柬埔寨境内开展河湖演变与整治、防洪减灾、水沙关系研究，并提供与之相关的技术咨询服务。可建立河流研究实验室，引入国外先进的河流模拟、河湖洪水演进模拟技术。下设防洪减灾研究室、河道研究室共 2 个研究室。各研究室的研究方向如下。

防洪减灾研究室：防洪标准与体系研究，洪涝灾害形成原因与致灾机理及防治研究，洪涝灾害监测、评估与风险分析，洪水预报、调度与预警技术研究，防洪工程规划与设计等。

河道研究室：河流水沙运动规律研究，河湖演变规律与江湖关系研究，河工模型与试验量测技术研发，河流数学模型理论与方法研究，河湖洪水演进模拟技术研究等。

(3)水工研究所

水工研究所主要开展水工建筑物研究与设计，水工建筑材料、新材料开发与应用技术研究，结构静力与动力数值分析，工程质量检测等工作，同时提供技术咨询服务，进行科技产品研发与推广。可建立水工研究实验室，引入国外先进的水工结构数值仿真技术、温度应力仿真技术和结构开裂过程数值模拟技术。下设建筑材料研究室、水工建筑物研究室共 2 个研究室。各研究室的研究方向如下。

建筑材料研究室：水工混凝土性能研究，水工混凝土裂缝机理及抗裂性研究，新型水泥、外加剂、掺和料开发与应用，混凝土碱骨料反应研究，混凝土耐久寿命评估及衰变机理研究，水工混凝土老化病害防治与修补新材料、新技术、新工艺研发与应用等。

水工建筑物研究室：水工建筑物的研究和设计，工程结构应力、变形及破坏机理研究，水工结构数值仿真技术，大体积混凝土温控技术及温度应力仿真计算，结构开裂过程的数值模拟技术，岩土力学理论及工程应用技术，岩土工程数值仿真方法与应用等。

(4)农业水利研究所

农业水利研究所主要致力于柬埔寨境内农作物灌溉制度、农业灌溉和排水、农业水利工程等领域的公益研究，并提供与之相关的技术咨询服务。可建立农业水利研究实验室，引入国外先进的农业节水、灌溉、田间输配水技术与灌排系统设计理念。下设农业灌溉研究室、农业水利工程研究室共 2 个研究室。各研究室的研究方向如下。

农业灌溉研究室：主要经济作物需水量研究，农业耗水规律与灌溉制度研究，节水灌溉理论与技术研究，土壤盐分控制研究，土壤—作物系统中的水盐迁移与转化机理、水盐调控技术研究等。

农业水利工程研究室：灌溉发展总体规划，农业水利工程规划与设计，灌溉排水系统设计，渠道与渠系建筑物设计，灌区渠道防渗技术研究，农业灌溉信息化管理技术等。

（5）水环境研究所

水环境研究所主要致力于柬埔寨境内水环境治理、水生态修复等领域中的重大科学问题、关键技术、政策法规、管理体制等研究，同时提供技术咨询服务，进行科技产品研发与推广。下设水环境研究室、水生态研究室共 2 个研究室。可建立水环境研究实验室，引入国外先进的水环境模拟和水生态模拟技术。各研究室的研究方向如下。

水环境研究室：河湖污染物的迁移转化规律研究，饮用水水源保护与安全供水保障技术，水污染防控与水环境保护技术，面源污染与控制技术，湖泊环境整治技术，水环境模拟与调控技术，水资源保护规划研究等。

水生态研究室：水生态系统健康及其评价，河湖水生生物群落变化规律研究，水利工程建设运行的水生态影响研究，河湖生态完整性保护对策，关键水生生物物种及资源的保护对策研究，水生态修复技术等。

（6）空间信息技术研究所

空间信息技术研究所主要致力于柬埔寨境内生态环境与水旱灾害的动态监测预警与评估方法研究，智慧流域构建技术研究，同时提供技术咨询服务，进行科技产品研发与推广。可建立空间信息技术研究实验室，在综合运用国内外已有空间信息、遥感遥测、云计算、3S、无人机技术以及云计算平台的基础上，以信息系统研究为主，开发空间信息新技术。下设遥感与仿真研究室、数字流域研究室共 2 个研究室。各研究室的研究方向如下。

遥感与仿真研究室：生态环境与水旱灾害的动态监测预警与评估方法研究、基于空天地水陆空一体化流域下垫面基础数据采集、传输与处理的理论与方法研究等。

数字流域研究室：智慧流域构建方法的基础理论、关键技术与示范应用研究等。

4.3 柬埔寨水利学科体系规划

4.3.1 总体建设规划

基于柬埔寨国家在农业灌溉、城乡供水、防洪减灾和水生态环境等方面急需解决的科学问题，结合柬埔寨水利科研现状，以及水利科研发展需求，参考我国水利相关科研院所的学科体系，主要是《中华人民共和国学科分类与代码国家标准》（GB/T 13745—2009），经与柬埔寨相关部门沟通，在柬水科院共设置 6 个重点学科，培育满足未来发展需求的水利学科。6 个重点学科分别为大气科学与水文学、河流泥沙与防洪、水工材料与结构、农业水利、水环境与水生态、水信息技术，每个学科均规划了学科专业组成、重点研究方向、具体目标和实施计划。柬水科院学科体系结构见图 4.3-1。

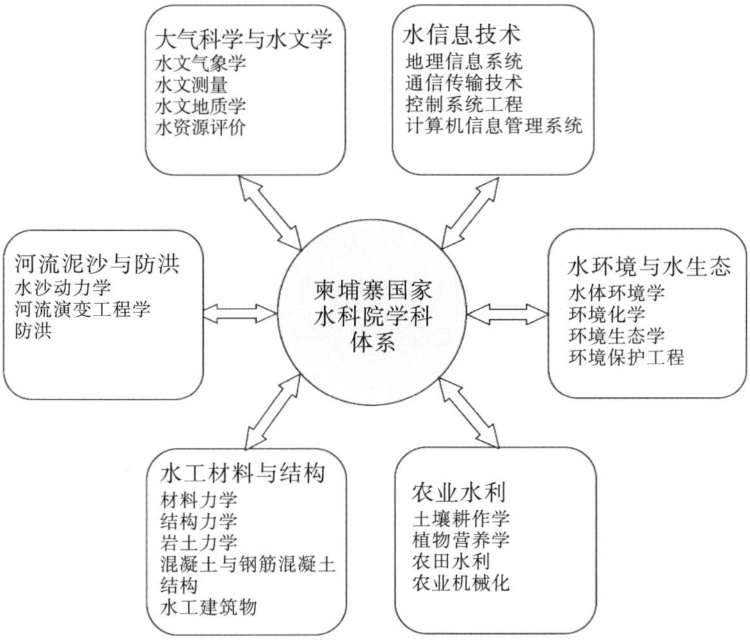

图 4.3-1　柬水科院学科体系结构图

4.3.2　学科专业规划

(1)大气科学与水文学

本学科主要教授大气科学、水文学，特别是水文气象学等方面的基本理论和基本知识，开展天气预报、动力气象、水文分析与水利计算和水文预报等方面的基本训练，培养进行水文气象基础研究或应用研究的能力，进行理论分析、数据处理、计算机应用的基本技能以及较强的知识更新能力和较广泛的科学适应能力，特别是应对全球气候变化加剧下的防灾减灾研究和应用的能力。大气科学与水文学学科下设水文气象学、水文测量、水文地质学、水资源评价等学科专业。

大气科学与水文学学科的重点研究方向有水文与气象监测站网规划、水文信息数据库、水文预报、大气水循环与水量平衡、流域水文循环过程与规律等。具体目标是依托水资源研究所，完成国家水文与气象监测站网规划；建成国家水文信息数据库；掌握水文预报(洪水预报)技术；掌握大气及流域水循环规律。

(2)河流泥沙与防洪

河流泥沙与防洪学科下设水沙动力学、河流演变工程学、防洪等学科专业。重点研究方向主要有河湖水动力特征及江湖关系、洪涝灾害机理及评估、洪水预报预警系统、防洪减灾技术体系、河湖泥沙运动和河床演变、水动力与泥沙数值模拟技术等。具体目标是依托河流研究所，掌握河湖水动力特征及江湖演变规律；建立洪涝灾害评估技术、洪水预报预警系统，以及防洪减灾技术体系；建立适合柬水情的水动力和泥沙数学模型。

(3)水工材料与结构

水工材料与结构学科下设材料力学、结构力学、岩土力学、混凝土与钢筋混凝土结构、水工建筑物等学科专业。重点研究方向有水工混凝土性能、耐久性，水工混凝土裂缝机理及抗裂性，新型水泥、外加剂、掺和料开发与应用，水工混凝土老化病害防治与修补的新材料、新技术、新工艺研发与应用，工程结构应力、变形及破坏机理，水工建筑物的研究和设计，岩土力学理论及工程应用技术，岩土工程数值仿真方法与应用等。具体培养目标是依托水工研究所，掌握水工混凝土性能、耐久性，水工混凝土裂缝机理及抗裂性规律；完成新型水泥、外加剂材料与水工混凝土老化病害防治技术等研发；掌握水工建筑物设计方法。

(4)农业水利

农业水利学科下设土壤耕作学、植物营养学、农田水利、农业机械化等学科专业。重点研究方向有农业灌区规划与灌溉基础数据库、农作物灌溉制度、灌溉排水理论与技术、新型农业灌溉技术研发、农业水利工程设计、渠道设计与防渗技术、灌溉运行自动化管理等。具体培养目标为依托农业水利研究所，完成国家农业灌区规划；建成国家农业灌溉基础数据库；建立农作物灌溉制度；掌握灌溉排水理论与技术；掌握农业水利工程设计技术；建立灌溉运行自动化管理系统。

(5)水环境与水生态

水环境与水生态学科下设水体环境学、环境化学、环境生态学、环境保护工程等学科专业。重点研究方向主要有水环境监测站网规划与数据库建立、水域污染物迁移转化规律、面源污染控制与河湖水环境治理技术、水生态系统健康评价方法、水利工程建设对水生态环境的影响、关键水生生物保护对策和水生态修复技术等。具体目标为依托水环境研究所，完成国家水环境监测站网规划；建立水环境信息数据库；掌握水域污染物迁移转化规律；掌握水利工程建设对生态环境的影响；提出适合柬埔寨的面源污染控制、河湖水环境治理和水生态修复技术。

(6)水信息技术

水信息技术学科下设地理信息工程、通信传输技术、控制系统工程、计算机信息管理系统等学科专业。重点研究方向有无人机遥测技术，生态环境动态监测预警与评估方法，水旱灾害动态监测预警与评估方法，智慧流域构建的基础理论、关键技术与示范应用等。具体目标为依托空间信息技术研究所，掌握无人机遥测技术；掌握生态环境与水旱灾害的动态监测预警与评估方法；掌握智慧流域构建的基本原理和技术。

4.4 柬埔寨水利科研平台规划

4.4.1 实验室规划

实验室是培养创新人才的重要基地，是转化创新成果的有效载体，是科技创新体系的重要平台。规划建立实验室是促进柬水科院发展的一项基础性工程。

根据前期对柬埔寨水利相关部门及科研机构的调研结果，依据柬水科院总体规划，结合柬埔寨在农业灌溉、城乡供水、防洪减灾和水生态环境等关键领域的迫切需求，以柬水科院6个专业研究所为依托和支撑，建设水资源研究、河流研究、水工研究、农业水利研究、水环境研究、空间信息技术等6个专业实验室。

(1)水资源研究实验室

水资源研究实验室主要依托柬水科院水资源研究所，对应学科为大气科学与水文学。主要致力于流域综合管理、水资源管理和安全可持续利用，以及节水等领域的重大科学问题和关键技术研究，流域水资源开发利用与管理和水资源保护技术研究2个研究方向。

流域水资源开发利用与管理主要研究方向为将澜沧江—湄公河流域的上、中、下游，左右岸，干流与支流，水量与水质，地下水与地表水，治理、开发与保护等作为一个完整的系统，将兴利与除害结合起来，对流域进行协调和统一调度管理。主要研究内容包括流域水资源管理与发展战略；水资源(包括地表水和地下水)保护管理机制与体制；水资源调查评价；水资源可持续利用规划；流域水资源高效利用和优化配置研究。

水资源保护技术研究主要研究内容包括水功能区管理及评价技术；预警系统与技术；节水技术；水量和水质实时监测技术；水源安全保障和水危机防范对策。

(2)河流研究实验室

河流研究实验室主要依托柬水科院河流研究所，对应学科为河流泥沙与防洪。主要致力于防洪减灾、河湖水沙运动及演变规律等领域中的重大科学问题和关键技术的研究。下设流域洪水评估预警研究和河湖水沙运动规律及模拟技术研究2个研究方向。

流域洪水评估预警研究基于对流域水文循环过程与规律的研究，进一步分析流域洪涝灾害成灾机理及演变过程，建立流域洪水预报预警体系，为防洪减灾提供技术支撑。研究内容主要包括洪涝灾害形成机理及演变过程，洪水预报体系，流域洪涝灾害预报和预警软件平台，防洪减灾关键技术。

河湖水沙运动规律及模拟技术研究结合现场测量和实验室分析等方法，探索河湖水沙运动基本理论，在此基础上，开展水沙运动模拟理论与技术研究。研究内容主要包括河湖水沙运动基本理论，水沙模拟理论与技术。

(3)水工研究实验室

水工研究实验室主要依托柬水科院水工研究所，对应学科为水工材料与结构。主要致力于水工建筑材料性能分析、新工艺研发、材料应用、水工建筑物结构设计等领域中的重大科学问题和关键技术的研究。下设水工建筑材料开发与应用研究和水工结构应力、变形及破坏研究 2 个研究方向。

水工建筑材料开发与应用研究在水工建筑材料性能研究的基础上，进行新材料、新技术、新工艺研发与应用，为不同类型水工建筑物的材料设计提供科学依据。研究内容主要包括水工混凝土耐久性、裂缝机理及抗裂性，混凝土耐久寿命评估及衰变机理，水工混凝土老化病害防治与修补新材料与技术，地基与基础补强加固及防渗新材料与技术。

水工结构应力、变形及破坏研究在工程结构应力分析的基础上，研究水工结构变形规律、破坏机制以及修复方法，为水工建筑物的设计提供科学依据。研究内容主要包括工程结构应力分析，水工结构变形及破坏机理，大体积混凝土温度应力，结构开裂机理及过程，流固耦合理论。

(4)农业水利研究实验室

农业水利研究实验室主要依托柬水科院农业水利研究所，对应学科为农田水利工程。主要致力于农作物灌溉制度、农业灌溉和排水、农业水利工程等领域中的重大科学问题和关键技术的研究。下设灌溉方法与技术研究和灌溉与排水系统设计研究 2 个研究方向.

灌溉方法与技术研究即在作物需水量与农业耗水规律研究的基础上，研究农业节水、灌溉、田间输配水新技术和方法，为改善现状灌溉用水条件提供科学依据。研究内容主要包括主要经济作物需水量，农业灌溉需水规律，不同灌溉条件下水分转化理论，灌区农业节水技术，农田灌溉新技术，田间输配水技术。

灌溉与排水系统设计研究即在作物灌溉制度分析制定的基础上，开展灌溉与排水系统设计研究，为保障农田用水提供技术支撑。研究内容主要包括灌溉排水理论与技术，灌排系统设计，渠道与渠系建筑物设计，灌区渠道防渗技术。

(5)水环境研究实验室

水环境研究实验室主要依托柬水科院水环境研究所，对应学科为水环境与水生态。主要致力于流域水生态环境治理、水环境管理等领域的重大科学问题和关键技术的研究，下设流域水环境规划与管理、流域水环境治理与水生态修复技术和流域水环境演变 3 个研究方向：

流域水环境规划与管理即开展流域水环境规划与管理研究，以提高澜沧江—湄公河流域水资源与水环境管理水平，减轻该流域水污染，从而改善流域内的水环境质量。主要研究内容包括流域水环境管理理论、制度和法律法规；流域水质管理规划；水污染控制规划；水环境监控与管理规划。

流域水环境治理与水生态修复技术即针对澜沧江—湄公河水资源开发利用过程中水环境、水生态的敏感问题，揭示水资源利用与环境生态之间的关系。主要研究内容包括水量和水质监测、预警技术；水华控制理论方法与技术；流域尺度的面污染物传输机理及综合防治技术；突发污染事件的应急处理技术；地下水污染治理技术。

流域水环境演变即通过流域水环境演变研究，阐明澜沧江—湄公河流域水环境变迁与人类活动的互馈机制，揭示不同时间、空间尺度下的澜沧江—湄公河水环境演变规律和驱动机制。主要研究内容包括全球气候变化和人类活动影响下澜沧江—湄公河流域水环境演变问题（水质、水量、水生态）；澜沧江—湄公河流域污染物迁移转化行为；流域尺度的氮磷等营养物质的输送和循环规律；流域水环境激素污染机理、危害评估及风险控制。

（6）空间信息技术研究实验室

空间信息技术研究实验室主要依托柬水科院空间信息技术研究所，对应学科为水信息技术。空间信息技术研究实验室主要致力于水利现代化动态监测、采集、传输、处理、存储及应用等重大科学问题和关键技术的研究。下设遥感与仿真研究和数字流域研究2个研究方向。

遥感与仿真研究主要利用遥感遥测技术、无人机等先进技术，开展流域水资源、水生态环境动态监测与评估方法研究，为水利信息化管理提供技术支撑。研究内容主要包括遥感影像处理与信息提取技术，数据库与海量存储技术，遥感成像仿真，数据库生态环境与洪涝灾害的动态监测预警与评估方法。

数字流域研究主要利用"3S"技术、计算机技术、网络技术、数据库技术等高新技术的优势，建设数字流域平台，为水资源保护开发提供决策支持。研究内容主要包括智慧流域可视化信息技术，数字流域专业应用技术，数字流域综合管理与决策。

4.4.2　野外科学观测站规划

根据柬埔寨水资源科学可持续发展需求，结合柬埔寨现有水资源监测体系，初步规划选取5个具有代表性的重要监测点建设水文水质气象野外科学观测站、农业水土环境野外科学观测站，采集大量、直接、综合和长期的基础资料，为深入开展科学研究提供数据支撑。

规划总体目标为建成5个水文水质气象野外科学观测站、5个农业水土环境野外科学观测站，每个观测站下设若干个观测点，构成基本覆盖柬埔寨重点水域、灌区，涵盖水文、水质、气象、农业水土环境等领域，天空地多种观测手段相结合的野外科学观测站网体系，为水资源管理、防洪减灾、水生态环境保护、农业灌溉发展提供技术支撑和科学依据。

（1）水文水质气象野外科学观测站

观测站布设应综合考虑站点的代表性、综合性、经济性、可行性、基础性和扩展性等原则。在柬埔寨沿海、3S流域、湄公河上游、湄公河三角洲、洞里萨河等5个流域群分别选择合适的点位布设1个观测中心站、若干个观测分站和观测断面（点）。

观测站的观测指标主要归属于水文观测、水质观测和气象观测3方面。水文观测要素主要包括水位、流量、流速、悬移质输沙率和含沙量等。水质观测要素主要包括水温、pH、浊度、透明度、电导率、总碱度、总硬度、矿化度、K^+、Na^+、Ca^{2+}、Mg^{2+}、总氮、硝酸盐，氨氮、总磷、磷酸盐、总有机碳、五日生化需氧量(BOD5)、生化需氧量(COD)、硫酸盐、氯化物等。气象(包含局地小气候)观测主要包括大气压力、风速、风向、温度、湿度、降雨、雪、霜、蒸发量、地表温度、土壤温度、日照时数、冻土深度、浮尘日、尘暴日、总辐射、净辐射等。

水文水质气象野外科学观测站的基础设施主要包括中心站房屋、分站及观测断面(点)房屋建设、观测场地用地和简易道路、其他必要的附属设施等。购置水文水资源、水环境、气象监测等方面的科研观测设备,主要包括流量在线监测系统、全自动流速观测仪、数字式水位遥测仪、多功能水文数据采集仪、太阳能无线气象自动观测系统、多功能在线水质分析仪、EasyChem 全自动化学分析仪、便携式多参数现场测定仪、营养盐在线监测系统等。

(2)农业水土环境野外科学观测站

考虑站网布设原则,在柬埔寨境内选取 5 个左右典型灌区,分别选择合适的点位布设 1 个观测中心站、若干个观测分站和观测点。

观测指标包括气象观测、水文观测、水质观测、土壤墒情观测和农作物生长观测。气象观测要素主要包括大气压力、风速、风向、温度、湿度、降雨、蒸发量、日照时数、总辐射、净辐射等。水文观测要素主要包括渠道水位、流量等。水质观测要素主要包括 BOD5、化学需氧量、悬浮物、阴离子表面活性剂、水温、pH、全盐量、氯化物、硫化物、总汞、镉、总砷、六价铬、铅、粪大肠菌群和蛔虫卵数等灌溉用水基本控制指标。土壤墒情观测要素主要包括土壤温度、土壤含水量、土壤透水率、土壤 pH 值、土壤养分、土壤电导率、土壤有毒物质含量、地下水水位等。农作物生长观测要素主要包括农作物形态、叶面颜色、发育状况、叶面温度及蒸腾量、田间水位等。

农业水土环境野外科学观测站的基础设施主要包括中心站房屋、分站及观测点房屋、观测场地用地和简易道路、其他必要的附属设施等。购置水文、气象、水环境、土壤、农作物生长监测等方面的科研观测设备。主要包括流量在线监测系统、明渠流量计、数字式水位遥测仪、激光粒度仪、多功能水文数据采集仪、太阳能无线气象自动观测系统、多功能在线水质分析仪、EasyChem 全自动化学分析仪、便携式多参数现场测定仪、营养盐在线监测系统、土壤墒情监测系统、土壤水分测定系统、土壤三相测定仪、土壤水分、溶质运移参数自动测定系统、土壤养分测定仪、植物水势测定仪、植物冠层分析仪、便携式植物光合仪、地下水位测试仪 level troll 700、地下水流向流速仪、水质多参数监测分析仪、地下水分层采样系统等。

4.5 基础水利实验设备配备

根据柬水科院实验室规划实施计划,近期,初步建设河流研究、水工研究、农业水利研究、水资源与水环境研究等 4 个专业实验室;远期,将水资源与水环境研究实验室拆分为水资源研究实验室、水环境研究实验室,逐步完善已经建设的专业实验室,并新建空间信息技术研究实验室,完成柬水科院实验室建设。

针对柬水科院近期拟建设的 4 个专业实验室,配备开展科研工作所需的仪器设备,重点关注水资源开发利用与水生态环境保护、水工建筑材料开发与应用、农业水利灌溉与技术及防洪减灾等研究所需的试验场地，野外调查与室内实验所需的仪器设备，监测分析相关的软件等。

4.5.1 设备

仪器设备的选择需遵从适用性、耐用性、经济性等原则。根据使用需求，通过对比各种型号仪器设备的功能、性能、耐用性及价格等，科学地进行选择。

根据河流研究实验室研究需求和相关仪器特征，选配多普勒剖面流速仪、超声波流量计、激光粒度分析仪、直读式流速仪、超声波测深仪、自动雨量计、高精度 GPS、手持 GPS、水准仪及配套设备、全站仪、激光测距仪等仪器。

根据水工研究实验室研究需求，拟配备水工材料制取及测试等方面的仪器，包括混凝土拌和机、混凝土振动台、混凝土抗渗仪、混凝土压力泌水仪、砼标准养护室自动控制仪、混凝土贯入阻力仪、混凝土含气量测试仪、混凝土养护架、混凝土坍落度桶(含捣棍)等共计 25 台。

结合柬埔寨当地农业水利研究现状，为满足当地农业灌溉和技术研究实际监测需求，农业水利研究实验室主要选配自动采集土壤入渗仪，土壤水分自动监测系统，土壤水分、盐分、温度测定仪，土壤养分测定仪和土壤收缩仪。

结合柬埔寨当地水环境现状，为满足当地水生态与水环境实际监测需求，水资源与水环境研究实验主要选配原子吸收分光光度计、原子荧光光谱仪、离子色谱仪、紫外可见分光光度计、多参数水质监测仪、普通显微镜、体式显微镜、电子天平、超纯水机、马弗炉、高压灭菌锅、石墨消解仪等 18 项仪器。

4.5.2 设备安装调试与培训

(1)设备安装、调试

所有设备的安装、调试和试运行均由专业人员完成。为了展示援助效果，充分体现中柬合作成果，根据双方建议，在实验室墙体、设备等多处醒目位置张贴了设备援助铭牌。铭牌的设计方案见图 4.5-1，张贴效果见图 4.5-2。

(a)设备上张贴的小铭牌

(b)设备援助说明的大标牌

图 4.5-1 设备援助铭牌设计方案

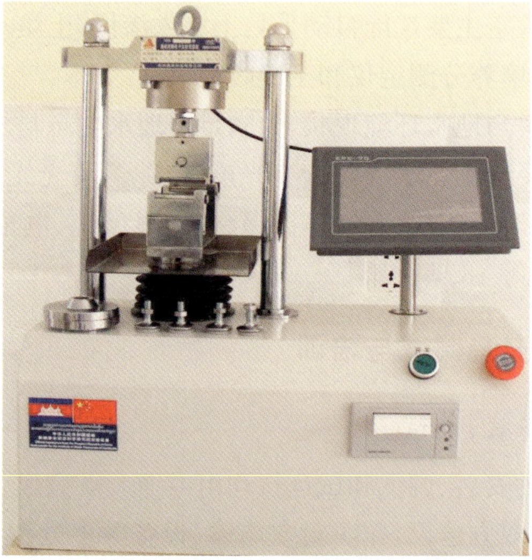

图 4.5-2 设备援助铭牌张贴效果

(2)设备培训

为帮助柬埔寨水资源相关技术管理人员熟练掌握仪器设备性能、操作规程，提高柬埔寨水资源相关技术管理人员实验室检测能力和运行维护管理水平，尽早发挥柬水科院实验室科研作用，针对柬埔寨相关管理和技术人员，分别在柬埔寨金边、中国武汉，举办了 2 场仪器设备使用培训。

在柬埔寨金边开展的培训主要对设备的理论、操作等进行现场讲解和示范，由专业技术人员对柬方相关专业人员开展了所有设备的理论讲解、操作演示等现场培训工作(图 4.5-3)。

图 4.5-3　设备相关技术理论讲解、操作演示等现场培训

为进一步提高柬埔寨水资源相关管理和技术管理人员的水资源综合管理能力和对仪器的使用能力，最大程度发挥援建设备的作用，项目承担单位在中国武汉举办了为期 20 天的“柬埔寨国家水资源科学技术研究院仪器设备培训”，11 名柬埔寨水利气象部相关管理和技术人员参加了培训。培训内容主要包括我国水资源管理、水利科研发展情况、发展经验等介绍，实验室仪器设备理论与使用方法培训、部分仪器设备动手操作培训，实地参观实验室等。

培训期间，邀请多位经验丰富的专家学者，围绕长江保护治理与国际合作、澜湄水资源合作及中柬水利合作、流域综合管理和河长制湖长制等系列主题，开展了 4 次专家讲座（图 4.5-4）。针对援助柬埔寨的仪器设备，组织了 20 余场技术培训，上百人次设备实操，如期保质保量完成了 70 台（套）仪器设备的理论和使用培训（图 4.5-5）。

图 4.5-4　专家讲座

图 4.5-5　仪器设备技术培训

（3）设备移交

在柬埔寨水利气象部，时任中国水利部副部长陆桂华和柬埔寨水利气象部部长林建河进行了亲切、友好会谈，双方共同主持、听取、见证了该项目的成果汇报以及 70 余台（套）仪器设备移交仪式，并参观了援建设备（图 4.5-6）。该设备移交仪式受到柬埔寨当地电视台 BTV 的专门报道。

（a）中柬双方部长共同主持援建项目成果汇报及移交仪式　（b）中柬双方代表签署项目成果移交文件

图 4.5-6　中柬双方部长出席成果汇报及移交仪式并参观援建设备

第 5 章　防洪抗旱应急管理平台示范建设

CHAPTER 5

5.1　建设背景

洪涝与干旱一直是制约澜湄国家经济社会发展水平的重要因素之一，每年均会给相关国家带来巨大的生命财产损失。洪涝灾害是澜湄国家主要的灾害之一，洪涝通常会造成河流改道、公路中断、耕地冲淹、房屋倒塌、人畜伤亡等严重破坏。例如，1986 年在老挝北部乌多姆赛省发生的山洪灾害造成 52 人丧生；2020 年 10—11 月，泰国有 34 府 155 县遭受因强降雨而引发的山洪、泥石流等灾害，造成 9 万多户民众受灾，7 人遇难；2021 年 10 月，发生在柬埔寨的洪灾，影响 20 多个省份，死亡人数超过 40 人，约 60 万人受灾，约 5 万人被迫撤离，约 13 万间房屋、900 所学校被淹或损坏，27 万公顷稻田受灾。干旱灾害也对澜湄国家有着深远影响，干旱通常持续时间长，波及范围较广，影响范围大。例如，2004—2005 年，越南、柬埔寨和泰国的大部分地区发生了严重干旱，造成水稻减产、食物短缺，900 万以上的民众生活受到影响，经济损失达数亿美元；2016 年初，发生在缅甸、越南、泰国等部分地区的干旱，造成数百万人日常用水受到影响，数万公顷农田减产或因海水入侵遭受破坏。近年来，随着国民经济和人口的持续增长，湄公河国家对水资源的开发利用加快，受全球气候变化影响，极端气象事件频发，加之相关国家工程技术和工程后期运行管理存在短板，进一步加剧了洪涝与干旱发灾隐患，然而与严峻的洪涝与干旱发灾形势形成对比的是，湄公河国家现阶段从中央到地方，普遍缺乏系统完整的应对洪涝与干旱灾害的防灾减灾体系，亟须建立可以为澜湄国家实时掌握雨水情动态、开展洪水分析和预测预警，实现流域尺度防洪减灾调度、科学管理决策提供技术支撑的防洪抗旱应急管理平台，提升湄公河国家应对水旱灾害的能力。

5.1.1　澜湄流域数据共享现状

全面、丰富、及时的数据是开展洪旱灾害预报、特征分析和风险分析以及预案制定等工作的基础，因此数据共享是建立防洪抗旱应急管理平台重要前提条件。

(1)中国与湄公河国家之间的数据共享现状

中国位于澜湄流域上游，作为湄委会对话伙伴国，多年来积极与湄公河国家和湄委会秘书处开展水文信息共享与交流。2002 年中国水利部与湄委会秘书处签订了《中国水利部向湄委会秘书处提供澜沧江—湄公河汛期水文资料的协议》，建立了汛期水文报汛机制，自2003 年汛期以来向湄委会秘书处提供允景洪、曼安两个出境水文站汛期（6 月 1 日—10 月 31 日）实时水雨情数据。中国云南省航运管理部门与湄公河国家地方政府也建立了水文信息报汛制度，定期向湄公河国家共享水文信息，为湄公河国家航运管理部门提供数据服务。此外，在遇到梯级水电站检修、水污染突发等紧急事件时，水位流量发生较大变化的情况下，中国水利部通过澜湄水资源合作联合工作组向湄公河国家通报相关变化信息。

以部长级会议为引领、以联合工作组为抓手、以澜湄水资源合作论坛为支撑的澜湄水资源合作机制通过项目务实合作、技术培训、经验交流等多种方式在数据信息共享方面开展了大量工作，进一步加强了水资源信息监测和共享。如在中国—东盟海上合作基金澜湄水资源合作项目的支持下，中方援助老挝建设了 25 个自动水文监测站和老挝国家水资源数据信息中心，显著提高了老挝水文信息采集能力。2010 年，为照顾下游国家关切、应对特大干旱，中国水利部向湄公河委员会应急提供水文信息，之后在下游国家遭遇洪水等特殊气象灾害时，中方多次主动向湄委会应急通报了上游水库的调度信息，得到湄委会及有关成员国的高度评价。2016 年 3 月至 5 月底，湄公河流域遭遇了严重的气象与农业干旱，中方通过科学调度澜沧江梯级水库对湄公河实施应急补水 12615 亿 m^3，湄公河水量较天然来水增加 3～5 倍，为湄公河国家缓解旱情发挥了重要作用，在加强监测和预警预报的同时，及时将水文信息通报湄委会秘书处，为下游抗旱减灾发挥重要作用。

目前澜湄水资源合作信息共享水平远不能满足澜湄国家实施水资源深度合作的需求，为进一步加深澜湄水资源合作，必须进一步提升信息共享数量和质量。未来澜湄各国应加强数据共享磋商，努力争取达成相应协议，共建澜湄流域水资源相关数据共享平台，更好服务澜湄水资源合作，提升澜湄国家水旱灾害应对能力和水旱灾害管理能力。

（2）湄公河国家之间的数据共享现状

在湄委会和湄公河下游倡议等多边合作组织或机制支持下，湄公河国家以项目资助的方式开展了信息平台建设、数据共享标准制定等信息共享尝试工作，推动了湄公河国家之间数据信息共享工作，取得了一定成效。

①湄委会信息共享系统

湄委会是柬埔寨、老挝、泰国和越南四国政府建立的政府间合作组织，于 1995 年成立。2000 年 7 月，湄委会开始建设湄委会信息平台系统，成员国签订了数据共享合作协议，在湄公河流域建设了部分水文监测站点。依托多年来开展的数据采集项目以及与各成员国之间签订的合作备忘录，湄委会信息共享平台系统积累了 16000 余个数据集，数据类型涵盖行政区划、农业、环境生态、洪水管理、自然资源、经济社会以及水资源等十个大类。以实时水雨情监测数据为例，湄委会各成员国向湄委会共享了湄公河干流和重要支流上 58 个水文气象站（均为湄委会出资建设、运维）的监测数据，其中老挝 17 个、泰国 11 个、柬埔寨 15 个、越南

15 个。

湄委会信息共享平台系统除了提供数据汇集与共享服务外，还开发建设了一套决策支持框架（DSF，Decision Support Framework）工具，主要包括水文模型（SWAT）、水力学模型（ISIS）、流域模拟模型（IQQM）以及基于时空信息的影响评估工具，为各成员国开展水资源开发利用规划提供专业建议和支撑。

尽管湄委会在促进各成员国数据开放共享方面取得了一定成效，但湄委会信息平台存在水文站点数量有限、监测数据标准与格式不统一、报送不及时、数据质量不高等短板与不足，严重限制了湄委会应用工具发挥作用。湄公河流域水资源数据采集与共享工作对湄委会技术依赖较为严重，成员国自身建设的水文站点的监测数据仍然难以共享，流域出现旱情和洪水威胁时，预警预报能力不足，无法满足开展水资源保护利用的需求，对湄公河国家防洪抗旱与水资源管理的支撑有限。

②湄公河水数据平台

湄公河下游倡议是 2009 年由美国提议，缅甸、柬埔寨、泰国、老挝、越南五国参加的美湄合作机制。2017 年在湄公河下游倡议第 10 次部长级会议上，美国提出湄公河水数据倡议概念，并在此倡议基础上，启动了湄公河水数据平台（Mekong Water Data Platform，MWDP）的筹划和建设工作。该平台包括湄公河水文共享（Mekong Hydroshare）以及湄公河伙伴数据工具和服务两大模块，旨在打造湄公河区域水数据集，增进不同用户和机构间的数据共享。该平台于 2019 年 4 月发布并投入试运行。

MWDP 平台主要目的是打造湄公河区域水数据集，建设重点是针对科研工作者等注册用户提供数据检索、存储和管理平台功能，增进不同用户和机构间的数据共享。MWDP 平台开放和包容的建设理念能够充分调动机构和个人的参与度，不受政府间协议和湄公河下游倡议合作机制进展的影响。但该平台数据集由数据所有者自身管理，数据标准不一，数据关联较弱，数据量较少，访问速度较慢，难以形成系统性数据体系，尚未提供模型模拟或者其他分析应用工具，不利于后期深入挖掘、分析和应用，且现有信息平台架构难以支撑其在业务应用中发挥影响力。

5.1.2 应急管理系统现状与问题

建立全流域防洪抗旱应急管理平台对提升流域国家应对洪旱灾害能力，指导政策决策，降低洪旱灾害对社会发展和人民生命财产所造成的损失具有重要作用。目前虽然各国在防洪抗旱应急管理建设与集成方面取得了一定成效，比如湄公河委员会网站上嵌入了洪旱灾害相关模型，可以提供洪旱灾害预测服务，但仍存在一些问题。

澜湄流域缺乏全流域层面数据共享机制和权威信息发布平台，造成涉水信息透明度不高，影响流域国合作互信，影响澜湄合作健康可持续发展。澜湄区域水资源信息共享虽然取得了一定成效，但仍缺乏全流域层面数据共享机制，尚未形成真正的澜湄流域数据共享机制和通道，不能为流域层面的水资源深入合作提供有力支撑。目前澜湄流域开展了一些数据共享工作，但仍然存在数据有限、监测站点较少、时间序列不长、数据质量不高，数据不连续等问题。中国向湄公河国家和湄委会提供水资源信息机制和通道，但缺乏双向水资源数据流通与共享机制和平台。湄委会四个成员国之间也尚未形成全流域层面有效的充分的信息沟通与共享，难以满足澜湄流域信息共享需求和澜湄合作机制发展的需要。澜湄国家之间信息不透明和各国内部数据共享短板，导致在水旱灾害等特殊时期，缺乏应急合作的技术基础。同时，澜湄各国水资源管理人员、学者、民众无法全面、系统地了解和利用合作成果，不利于促进各方消除分歧、达成共识。亟须强化信息聚合度，提供长期、稳定、权威、透明、达成共识的信息发布渠道，提升各方深化合作的能力和水平。

澜湄流域缺乏流域一体化管理的信息和应用基础，不利于澜湄流域水旱灾害防御和水资源开发利用水平的整体提升，亟须找准突破口深化实化流域各国水资源合作，建立全流域尺度的水资源管理和集预测、预报、预警、预案于一体的灾害管理平台。澜湄流域水旱灾害频发，水利基础设施建设总体发展水平不高，水旱灾害防御和水资源开发利用水平不一。长期存在的天然水灾害和由人类活动引起的水问题，严重影响了流域整体的供水安全、防洪安全和水生态安全。亟须建立一个全流域水资源管理平台，在充分分析自然条件和不同国家水资源和水旱灾害管理能力的基础上，制定全流域水资源和水旱灾害管理方案，研发服务全流域防洪抗旱应急管理平台，服务流域各国水旱灾害管理，以期实现全流域水资源分配与调度。

5.1.3　防洪抗旱应急管理平台建设意义

中国与湄公河国家同处于洪旱灾害频发的东南亚地区，防灾减灾是中国和湄公河国家的迫切需求，也是合作重要领域。为提高澜湄国家防洪抗旱能力、保障人民生命财产安全，以澜湄国家命运共同体的构建助力东盟共同体建设，充分利用已有澜湄水资源合作项目成果、数据资料与沟通联系渠道，面向水旱灾害频发等共性问题，以防洪抗旱为切入点，开展了防洪抗旱应急管理合作平台示范建设，努力打造次区域合作新增长点。

该示范建设为澜湄国家提供了水资源信息交换与共享综合平台。澜湄合作机制启动以来，水资源信息交换与共享始终是澜湄各国重要关切，在澜湄水资源合作领导人会议、部长级会议、联合工作组等机制下的重要会议，均涉及澜湄流域水资源信息共享专题讨论。澜湄水资源合作中心与湄委会签署的合作备忘录中也将信息共享平台建设作为重点合作内容之一。澜湄六国均对建设澜湄流域全流域层面水资源信息共享与数据交换平台有极大的期待，表达了支持与积极参加建设的意愿。建设防洪抗旱应急管理平台有利于促进澜湄六国全流域信息共享，有利于流域内国家共同掌握了解全流域水资源变化情况，提高域内国家应对洪水、干旱等自然灾害预警预报与防御能力。同时，该示范建设深化了中国与湄公河国家水资源合作。开展防洪抗旱应急管理平台建设工作，能提高涉水信息透明度，增进流域各国互信，推动区域协调与合作，共同应对水挑战。以数据和事实为依据，避免澜湄国家之间形成不必要的误解和疑虑，为澜湄国家达成水资源利用保护共识提供数据信息支撑。该示范建设能促进我国与湄公河国家互惠互信，推动澜湄流域水资源科学公平合理开发利用与保护，保障流域防洪抗旱安全，提高公众流域认知，推动经济社会发展，惠及流域人民福祉。

5.2 平台总体设计方案

5.2.1 总体架构

防洪抗旱应急管理平台包括应用层、应用支撑层、数据存储层、数据采集层等四部分。应用层包括综合信息服务系统和洪旱预警预报系统；应用支撑层包括行政管理应用服务、专业模型计算服务、空间信息服务和非空间信息服务四大类；数据储存层主要分为基础类数据和业务类数据；数据采集层分为监测信息采集和基础数据采集两类。平台的架构框架如图 5.2-1 所示。

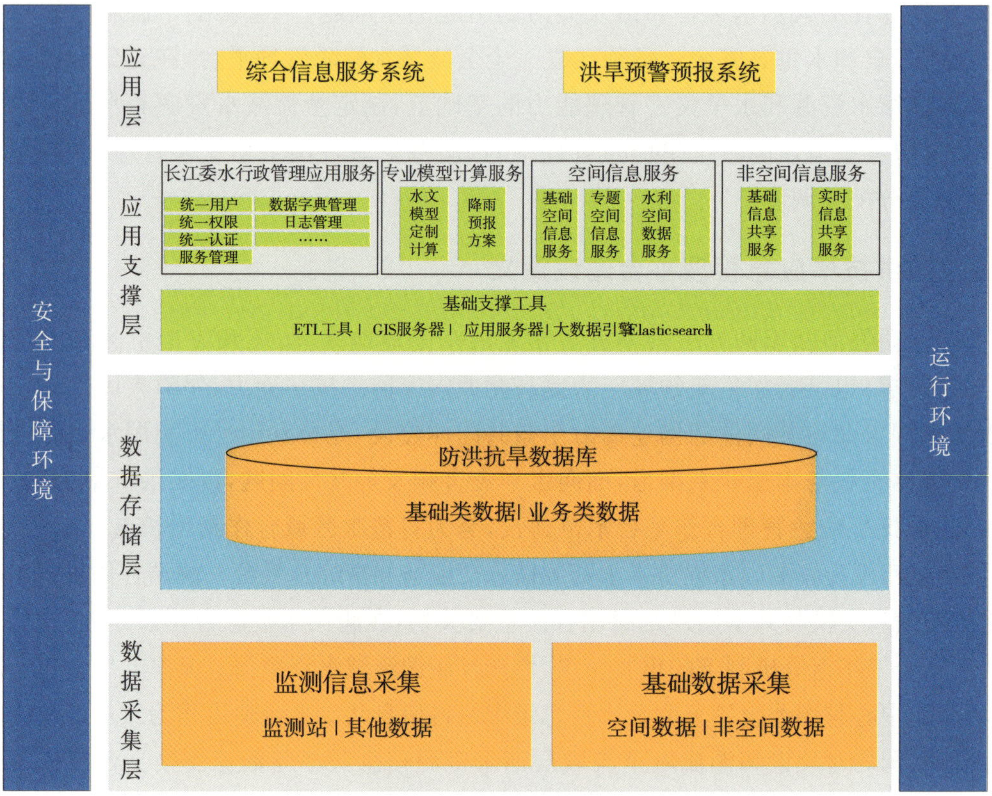

图 5.2-1　总体架构

5.2.2 数据采集层

数据采集是指利用监管和检测手段对监测对象状态信息获取的过程。数据采集层信息包括基础数据和监测信息两类。基础数据包括空间数据、非空间数据；监测信息包括监测站监测数据和其他数据集等。

(1)基础信息

基础信息包括澜湄流域范围内的空间数据及非空间数据两大部分。空间数据包括基础地理数据、水利基础数据、水利专题等三类数据；非空间数据包括与空间相关联的属性信息。

基础地理数据可从天地图、ArcGIS online 等第三方在线数据平台获取，上述平台能提供地图在线服务，更新频率快，资源丰富，可采用在线地图服务的方式接入。水利基础数据包括流域边界、流域分区、DEM、国家边界、河流、湖泊等，此类数据源较多，包括湄委会信息系统网站、国内外论文公开数据及其他数据。水利专题数据包括水电站、水库站、监测站、考察点等，数据源有 dam-tools、湄委会信息系统网站等公开数据和其他资料。水利基础、水利专题两类数据可通过整合、处理、加工、制图等方式生成专项服务数据集。

非空间数据包括与空间相关联的属性信息、出国团组数据及其他资料。与空间相关联的属性信息主要包括空间对象的中英文名称、编码及水利特性，每类非空间属性数据包括不同的标准。按照各类要素对象的标准进行整理、入库。

(2)监测信息

监测信息的主要来源有监测站和其他数据。监测站 25 个，主要提供雨量、水位等数据。其他数据主要包括湄委会信息系统共享的湄公河干流 60 个监测站点的水位和雨量数据。监测站分布如图 5.2-2 所示。监测站数据的时间分辨率为每 15 分钟一条，其中水位数据需要加上基准面才能入库，流量数据根据已有推算公式计算。

5.2.3　数据存储层

防洪抗旱数据库是作为平台资源整合与共享的基础，用于存储收集到的数据，是数据存储层的主要数据。防洪抗旱数据库内容包括基础类和业务类数据。基础类数据包括河流、湖泊、水库、流域分区等空间和非空间数据；业务类数据包括各业务系统涉及的业务类数据、监测类数据等。

(1)基础类数据

基础类数据包括流域、河流、湖泊、水库、大坝、水电站、水文监测站、考察点等数据，表结构及标识符按照我国水利要素标准与规范制定。防洪抗旱数据库采用对象模型，其概化示意图如图 5.2-3 所示。对象模型将对象抽象为标识、基本属性、业务属性、空间数据等实体，梳理并研究对象与业务属性、对象与空间数据、对象与多媒体以及不同对象之间的相互关系。每类对象设计 1 张对象名录表、1 张基础信息表和多张关系表。

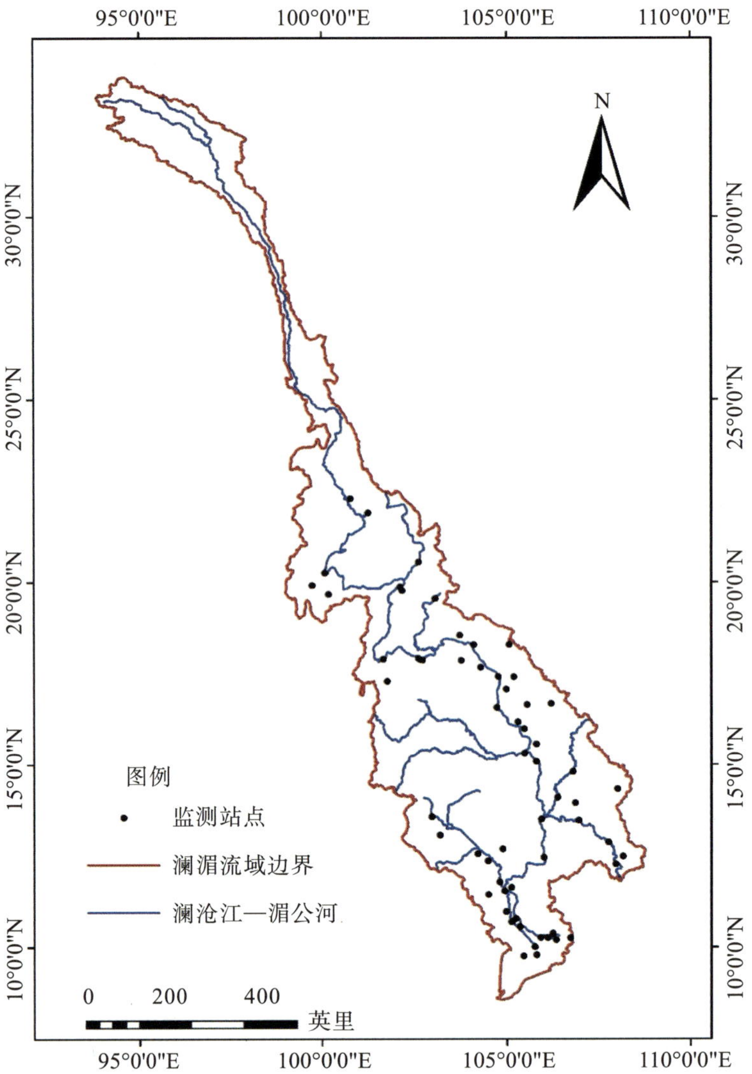

图 5.2-2　湄委会信息系统网站共享的监测数据站点分布图

表 5.2-1　　测站基础信息

序号	英文名称	国家	洪水位/m	警报位/m	基准面/m	纬度	经度
1	Duc Xuyen	越南	431.5	427.5	435.434	12.30	107.98
2	Phung Hiep	越南	—	—	—	9.81	105.82
3	Phiengluang	老挝	8.5	7.5	—	19.57	103.07
4	Cho Lach	越南	—	—	—	10.28	106.12
5	Ban Sebangnouane	老挝	—	—	—	16.00	105.48
6	Khongsedone	老挝	—	—	—	15.58	105.81
7	Kampong Ampil	柬埔寨	—	—	—	11.66	105.13
8	Chaktomuk	柬埔寨	12	10.5	−1.02	11.56	104.94

续表

序号	英文名称	国家	洪水位/m	警报位/m	基准面/m	纬度	经度
9	Kompong Luong	柬埔寨	—	—	0.64	12.58	104.21
10	Kratie	柬埔寨	23	22	−1.08	12.48	106.02
11	Se Bangfai	老挝	13	12	125	17.08	104.99
12	Vientiane KM4	老挝	12.5	11.5	158.04	17.93	102.62
13	Kompong Thom	柬埔寨	—	—	−0.82	12.71	104.89
14	Voeun Sai	柬埔寨	—	—	—	13.97	106.88
15	Tan Chau	越南	4.5	3.5	—	10.80	105.25
16	Boribo	柬埔寨	—	—	—	12.38	104.49
17	Ban Don	越南	175	171	179.947	12.90	107.78
18	Sopnam	老挝	17	16	—	16.69	106.21
19	Giang Son	越南	425	421	427.904	12.51	108.18
20	Vi Thanh	越南	—	—	—	9.78	105.46
21	Ban Nape	老挝	2	1.5	—	18.30	105.07
22	Phalane	老挝	—	—	—	16.66	105.56
23	My Hoa	越南	—	—	—	10.22	106.35
24	Nakhon Phanom	泰国	12	11.5	130.961	17.43	104.77
25	Chiang Khan	泰国	16	14.5	194.118	17.90	101.67
26	Siempang	柬埔寨	12.5	11.5	—	14.12	106.39
27	Manan	中国	—	—	—	21.91	101.26
28	Can Tho	越南	1.9	1.7	—	10.03	105.77
29	Thoeng	泰国	8	7.5	359.096	19.69	100.19
30	Vam Kenh	越南	—	—	—	10.27	106.74
31	Kompong Speu	柬埔寨	—	—	—	11.46	104.50
32	Long Dinh	越南	—	—	—	10.40	106.26
33	Angkorborey	柬埔寨	—	—	—	10.99	104.98
34	Nong Khai	泰国	12.2	11.4	153.648	17.88	102.73
35	Ban Mixai	老挝	3.5	2.5	298.83	19.79	102.18
36	Mukdahan	泰国	12.5	12	124.219	16.58	104.73
37	Pakse	老挝	12	11	86.49	15.10	105.81
38	Chiang Sean	泰国	12.8	11.5	357.11	20.27	100.09
39	Ban Veunkhen	老挝	16	15	97.042	14.82	106.81
40	Mahaxai	老挝	15	14	—	17.42	105.20
41	Vam Nao	越南	—	—	—	10.58	105.36

续表

序号	英文名称	国家	洪水位/m	警报位/m	基准面/m	纬度	经度
42	Ban Kengdone	老挝	16.5	15	121.29	16.19	105.31
43	Prek Kdam	柬埔寨	10	9.5	0.08	11.81	104.81
44	Khong Chiam	泰国	14.5	13.5	89.03	15.32	105.49
45	Lumphat	Cambodia	—	—	—	13.50	106.97
46	Wang Saphung	泰国	9	8	239.182	17.30	101.78
47	My Thuan	越南	1.8	1.6	—	10.28	105.93
48	Ban Tha Kok Doeng	泰国	13	12	134.894	17.87	103.77
49	Muong Ngoy	老挝	15	14	—	20.57	102.62
50	Ban Doi Hang	泰国	—	—	—	19.93	99.75
51	Chau Doc	越南	4	3	—	10.71	105.13
52	Kontum	越南	520.5	518	529.18	14.35	108.03
53	Battambang	柬埔寨	—	—	−1.766	13.09	103.20
54	Phonesy	老挝	—	—	—	18.30	104.10
55	Muang Kao	老挝	—	—	—	18.56	103.73
56	Luang Prabang	老挝	18	17.5	267.195	19.89	102.13
57	Stung Treng	柬埔寨	12	10.7	36.79	13.53	105.95
58	Jinghong	中国	—	—	—	22.30	100.78
59	Sisophon	柬埔寨	—	—	—	13.59	102.98
60	Ban Had Paeng	泰国	13	12.5	132.641	17.68	104.29

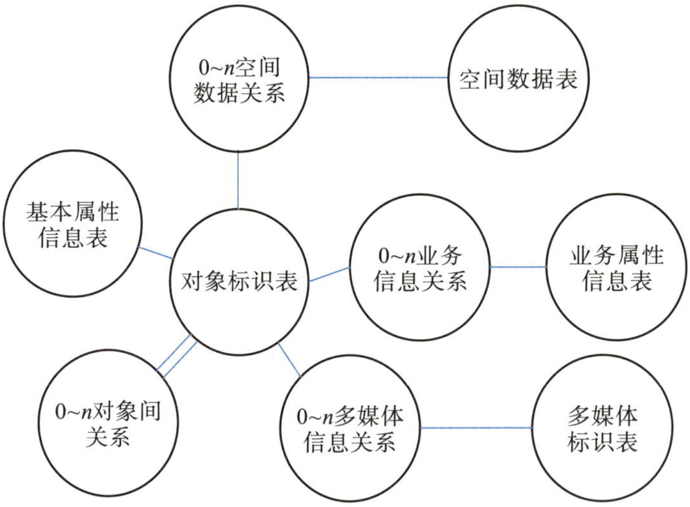

图 5.2-3　概化示意图

基于数据需求和数据现状，此平台共设计了 8 类水利对象，共 8 张对象名录表、8 张基础信息表、8 张空间表、26 张关系表。数据库表如表 5.2-2 所示。

表 5.2-2　数据库表

对象类序号	对象类名称	序号	对象表名称	对象表标识
1	流域	1	流域名录表	OBJ_BAS
		2	流域基础信息表	ATT_BAS_BASE
		3	流域与行政区划关系表	REL_BAS_AD
		4	流域与上级流域关系表	REL_BAS_BAS
		5	流域空间表	GEO_BAS
2	河流	1	河流名录表	OBJ_RV
		2	河流基础信息表	ATT_RV_BASE
		3	河流河源位置表	REL_RV_AD_1
		4	河流河口位置表	REL_RV_AD_2
		5	河流流经区县表	REL_RV_AD_3
		6	河流所属流域表	REL_RV_BAS
		7	河流上下级关系表	REL_RV_RV
		8	河流空间表	GEO_RV
3	湖泊	1	湖泊名录表	OBJ_LK
		2	湖泊基础信息表	ATT_LK_BASE
		3	湖泊所属区县表	REL_LK_AD
		4	湖泊所在流域表	REL_LK_BAS
		5	湖泊流入河流表	REL_LK_RV_1
3	湖泊	6	湖泊流出河流表	REL_LK_RV_2
		7	湖泊空间表	GEO_LK
4	水库	1	水库名录表	OBJ_RES
		2	水库基础信息表	ATT_RES_BASE
		3	水库库区涉及区县表	REL_RES_AD_2
		4	水库所在流域表	REL_RES_BAS
		5	水库所属河流表	REL_RES_RV
		6	水库大坝所在位置表	REL_DAM_AD
		7	水库大坝所在河流表	REL_DAM_RV
		8	水库大坝所属水库表	REL_DAM_RES
		9	水库所属水电站表	REL_HYST_RES
		10	水库空间表	GEO_RES

续表

对象类序号	对象类名称	序号	对象表名称	对象表标识
5	水库大坝	1	水库大坝名录表	OBJ_DAM
		2	水库大坝基础信息表	ATT_DAM_BASE
		3	水库大坝空间表	GEO_DAM
6	水电站	1	水电站名录表	OBJ_HYST
		2	水电站基础信息表	ATT_HYST_BASE
		3	水电站所在位置表	REL_HYST_AD
		4	水电站所在流域表	REL_HYST_BAS
		5	水电站所属河流表	REL_HYST_RV
		6	水电站空间表	GEO_HYST
7	水文监测站	1	水文监测站名录表	OBJ_ST
		2	水文监测站基础信息表	ATT_ST_BASE
		3	水文监测站所在位置表	REL_ST_AD
		4	水文监测站所在流域表	REL_ST_BAS
		5	水文监测站所属河流表	REL_ST_RV
		6	水文监测站所在湖泊表	REL_ST_LK
		7	水文监测站所属水库表	REL_ST_RES
		8	水文监测站空间表	GEO_ST
8	考察点	1	考察点名录表	OBJ_KCD
		2	考察点基础信息表	ATT_KCD_BASE
		3	水文监测站空间表	GEO_KCD

(2)业务类数据

业务类数据介绍以水文监测数据为例。

水文测站监测数据包括基础信息、水库站监测信息、河道站监测信息、雨量信息等。按照《实时雨水情数据库表结构与标识符》(SL 323—2011)标准设计业务表结构,包括测站基本属性、河道水情、水库水情、降水量、河道水情多日均值、水库水情多日均值等表,如表 5.2-3 所示。

表 5.2-3　　数据库表信息

序号	对象表名称	对象表标识
1	测站基本属性	ST_STBPRP_B
2	河道水情	ST_RIVER_R

续表

序号	对象表名称	对象表标识
3	水库水情	ST_RSVR_R
4	降水量	ST_PPTN_R
5	河道水情多日均值	ST_RVAV_R
6	水库水情多日均值	ST_RSVRAV_R

5.2.4　应用支撑层

应用支撑层包括基础应用服务、专业模型计算服务、空间信息服务和非空间信息服务。基础应用服务包括统一用户、统一权限、统一认证、服务管理、数据字典管理、日志管理等，专业模型计算服务包括洪旱预报预警及降雨预报方案等，空间信息服务包括基础空间信息服务、专题空间信息服务、水利空间数据分析服务等，非空间信息服务包括基础信息共享服务及实时共享服务。基础支撑工具包括 ETL 工具、GIS 服务器、应用服务器、大数据引擎 Elasticsearch 等。

（1）基础应用服务

主要提供应用系统集成相关的服务，包括：统一用户管理、统一权限管理、统一认证管理、应用注册与集成管理、服务申请与审批管理、数据字典管理、日志与审计管理、用户行为管理与统计分析、配置管理以及内容管理等，如图 5.2-4 所示。

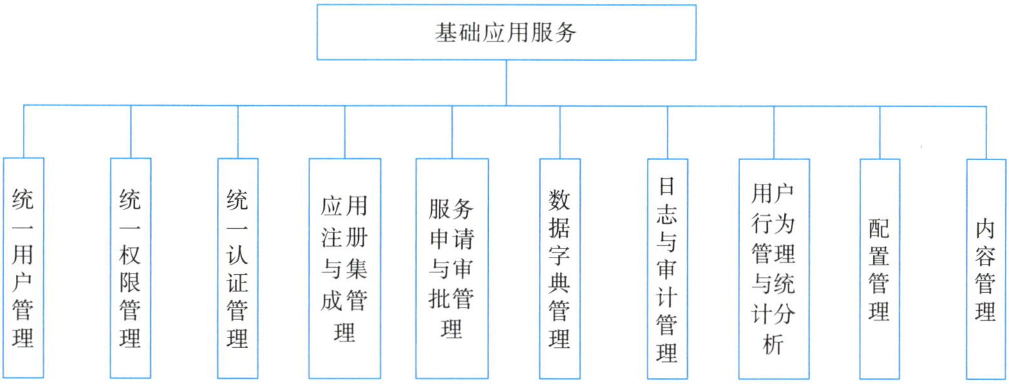

图 5.2-4　基础应用服务

统一用户管理即对系统所涉及的单位、人员以及单位和人员之间的关系进行管理，统一用户管理包括机构管理、用户管理和身份认证三项内容。实现单位和人员的层次关系、隶属关系、相关岗位的定义，以及用户身份的认证功能。

统一权限管理即实现系统权限的管理和维护，由权限分配策略将信息分类和机构人员有机关联，实现权限控制。统一权限管理分为资源管理、权限维护、授权管理和权限查询四类。

统一认证管理的数据共建系统、数据共享系统、数据管理系统、综合信息门户以及统一门户集成的应用系统之间的单点登录实现方式主要基于 CAS 认证框架实现。考虑到未来系统集成的需求,单点登录必须支持 JavaEE 和 .NET 两种架构的应用系统,对于无法支持以上两种架构的系统采用用户映射的方式进行单点登录集成。

应用注册与集成管理功能能实现不同应用在综合信息门户上的注册与集成管理。功能主要包括系统的参数定义、系统的登录集成、系统数据同步、日志同步、系统提供的服务注册、系统涉及单位定义等。

服务申请与审批管理即对各类 WebService 进行注册和管理。功能主要包括服务定义、服务申请、审批、过期处理等。

数据字典管理即将应用系统中所涉及的代码及语义,按照标准进行分类管理和维护。各个应用系统使用统一的字典,确保数据含义的一致性和唯一性,便于数据挖掘和深层次应用。数据字典管理分为字典分类与维护、字典查询统计和字典管理接口三类。

日志与审计管理将记录系统运行所产生的所有行为(包括用户活动情况),并按照某种规范表达出来,从而使影响系统安全的访问和访问企图留下线索,以便事后分析和追查,以进一步提高系统的安全可靠性。管理人员可以依据系统所记录的信息进行排错,优化系统的性能,或者根据这些信息调整系统的行为。日志与审计管理分为数据同步日志、应用系统登录日志和被集成系统日志接收接口管理三类。

用户行为管理与统计分析主要针对用户访问系统的行为活动,从用户、用户单位、被访问资源等多种维度进行统计分析,并可在此基础上对用户活跃度、系统受关注度等方面进行排名、对比等。常见功能如登录统计、应用系统统计、Portlet 访问统计等。用户行为管理与统计分析分为登录统计、应用系统统计和应用嵌入窗口访问统计三类。

配置管理主要针对综合信息门户的个人配置进行管理。配置管理分为栏目明细设置、导航管理、主题风格专题维护等。

内容管理即管理、集成和访问从音频、视频到扫描图像的各种格式的业务信息。

(2)专业模型计算服务

专业模型计算服务是将开发的水文模型和降雨预报方案嵌入平台,以实现洪水或干旱预报预警,也能提供水文模型定制计算。

水文模型采用分布式水文模型。本平台开发的水文模型在给定河道控制断面基础上,能自动提取流域并匹配提取模拟所需的数据,极大提升了水文模型搭建效率。本平台基于云模式实现透明计算,在减轻用户的投入和提供计算服务的同时,利用用户的计算结果和提供的基础数据,不断更新和完善数据系统。通过该机制,能巧妙地实现协作模式,保证平台的长期发展,实现多学科集成,气象模式、水文模型、水力学模型等多模型有机结合,以及多气象模式、多水文模型和多初始边界条件集合预报。

降雨预报方案是基于卫星和地面观测融合的降雨数据,形成的数据融合降雨产品。首先对全球不同气象预报中心产品在澜湄流域的适用性进行评估，然后筛选精度高的预报产品，并建立误差校正模型，制定降雨预报方案，提高区域降雨预报精度。

(3)空间信息服务

利用 GIS 软件对已收集的空间数据进行整理、融合、建立空间拓扑等操作，提供基于 OGC 标准的网络地图服务(Web Map Server，WMS)、Web 要素服务(Web Feature Service，WFS)、Web 地图瓦片服务(Web Map Tile Service，WMTS)等类型的服务。

WMS 能够根据用户的请求返回相应的地图(包括 PNG、GIF、JPEG 等栅格形式或 SVG、WEB CGM 等矢量形式)。WMS 支持网络协议 HTTP，所支持的操作由 URL 定义，有接口获取地图(GetMap)、获取服务能力(GetCapabilities)和获取对象信息(GetFeatureinfo)。

WFS 支持地理要素插入、更新、删除、检索和发现服务。该服务根据 HTTP 客户请求返回 GML 数据。其基础接口是:GetCapabilities，DescribeFeatureType，GetFeature。

WMTS 提供了一种采用预定义图块方法发布数字地图服务的标准化解决方案。WMTS 弥补了 WMS 不能提供分块地图的不足。WMS 能提供地图定制的服务，是一个动态数据或用户定制地图的理想解决办法。WMTS 牺牲了提供定制地图的灵活性，代之以通过提供静态数据(基础地图)来增强伸缩性，这些静态数据的范围框和比例尺被限定在各个图块内。这些固定的图块集使得对 WMTS 服务的实现可以使用一个仅简单返回已有文件的 Web 服务器即可，同时使得可以利用一些标准的诸如分布式缓存的网络机制实现伸缩性。

(4)非空间信息服务

非空间信息包括空间关联的属性信息。非空间信息服务则是基于这些非空间信息提供数据查询服务。

属性信息查询服务即基于空间对象的要素编码字段进行查询，属性信息包括基础信息与业务信息，该查询服务依托于 OGC 标准的 WFS 接口实现，用户传入参数即可完成查询。

(5)基础支撑工具

基础支撑工具主要是平台实施过程中所需要的基础工具，包括 ETL 工具、GIS 服务器、应用服务器、大数据存储集群 Elasticsearch 等。

ETL 工具主要实现数据的抽取、转换和加载。数据抽取是指把操作性源数据抽取到数据仓库中，然后以可视化形式呈现，源数据包括用户访问日志、自定义事件日志、操作日志、业务日志、各服务产生的日志、系统日志、监控日志以及其他日志。抽取频次可以是一天一次，也可以是一小时一次，具体根据数据要求而定。抽取策略方式包括增量抽取或者全部拉取方式。数据转换、清洗指把不需要的和不符合规范的数据进行处理，考虑到有时可能会查原始数据，数据清洗最好不要放在抽取的环节进行。数据清洗主要包括控制处理、验证数据正确性、规范数据格式、数据转码、数据标准统一。数据拉取，清洗完之后，就需要进行数据加载过程。一般是把清洗好的数据加载到 oracle 或 MySQL 数据库中，然后在各系统中使用，或者使用数据加载软件直接展示。一般随着业务的发展扩张，产线也越来越多，产生的数据也越来越多，这些数据的收集方式、原始数据格式、数据量、存储要求、使用场景等有很大差异。作为数据中心，既要保证数据的准确性、存储的安全性、后续的扩展性，也要保证数据分析的时效性。ETL 工具用于处理或同步不同数据库到目标数据库。

ArcGIS 系列的制图与服务软件是平台空间数据处理的 GIS 服务器。制图软件采用 ArcMap，服务发布软件采用 Arcgis Server，同时 Arcgis Server 的数据源包括本地 shapefile 文件以及空间数据库中的空间数据，Arcgis Server 采用直连的方式连接 Oracle 空间数据库，发布的服务能够根据数据的变化动态更新。GIS 服务器由三台服务器组成，操作系统均为 windows server 2008 R2 standard，CPU 为 16 核，内存为 64G，存储 1T，其中 1 台服务器用于存储空间数据，2 台服务器用于对外提供地图服务。

应用服务器用于对用户提供系统平台的访问入口，占用固定的 IP、端口。本平台采用的应用服务器为 Tomcat8.5，Tomcat 服务器是一个免费的开放源代码的 Web 应用服务器，属于轻量级应用服务器，在中小型系统和并发访问用户不是很多的场合下被普遍使用，是开发和调试 B/S 架构系统的首选。Tomcat 是占用一个独立的进程单独运行的，可用于响应 HTML(标准通用标记语言下的一个应用)页面的访问请求。Tomcat 内存参数、虚拟目录、数据源等参数的配置使得其能够灵活运用满足于不同场景下的需求。

水文监测数据有数据量大、更新频繁等特点，可利用大数据库集群的技术解决监测数据的存储问题。分布式的集群能够保证数据的高并发请求，数据备份等需要，其查询速度快的优势能有效提高数据的响应速度，提高用户体验。本平台中采用的大数据储存集群是 Elasticsearch7.1。ElasticSearch 是一个基于 Lucene 的搜索服务器，它基于 RESTful web 接口提供了一个分布式多用户能力的全文搜索引擎。Elasticsearch 是用 Java 语言开发的，并作为 Apache 许可条款下的开放源码发布，是一种流行的企业级搜索引擎，主要用于云计算中，能够达到实时搜索，具有稳定、可靠、快速、安装使用方便等特点。

5.2.5 应用层

应用层包括综合应用门户、综合信息服务系统，洪旱预警预报系统和水文情势评估与预报。综合应用门户是用户直接访问的系统，在门户上，集成了综合信息服务系统和洪旱预警预报系统。综合信息服务系统用于集成和展现澜湄流域范围内的空间信息和属性信息。洪旱预警预报系统基于模型计算能自动完成数据处理和预报作业。水文情势评估与预报是为应对日益严重的干旱和洪水等极端水文事件而开发的应用，能应用于澜沧江—湄公河流域气象水文情势历史评估及中长期未来预报。

(1)综合信息服务系统

集成和展现空间信息和属性信息。空间信息包括天地图、ArcGIS online 等第三方在线基础空间信息，以及河流、湖泊、水库、测站等水利专题空间信息。属性信息集成与展现即集成展现水利专题要素的基本信息、水文监测站点的动态监测信息等。通过后台管理系统完成不同专题建设、用户授权、数据接入等内容。

数据模型设计采用 Oracle 11g 数据库。标识符编码统一采用中英文，数据库数据表字段采用汉语拼音，且统一采用大写。为便于用户理解，用户交互界面采用中文字段。

功能包括前台展现系统功能和后台管理系统设计两部分内容。前台展现系统功能主要实现空间服务与属性信息的集成与展现，空间服务包括天地图、ArcGIS online 等公共在线基础地理空间服务，河流、湖泊等基础水利服务，水库、水电站、测站等水利专题空间服务；属性信息包括空间数据的基本信息、水文监测站点的动态监测信息以及相关的多媒体信息。功能主要包括专题切换、图层控制、地图浏览、地图查询、地图标绘、空间量算、书签、收藏等，如图 5.2-5 所示。后台管理系统是实现对前台展现系统的用户权限、专题、图层、地图服务、功能模块、数据字典等配置信息的管理。功能主要包括专题管理、图层管理、功能管理、服务管理、对象管理、地名管理、角色管理、用户授权等，如图 5.2-6 所示。

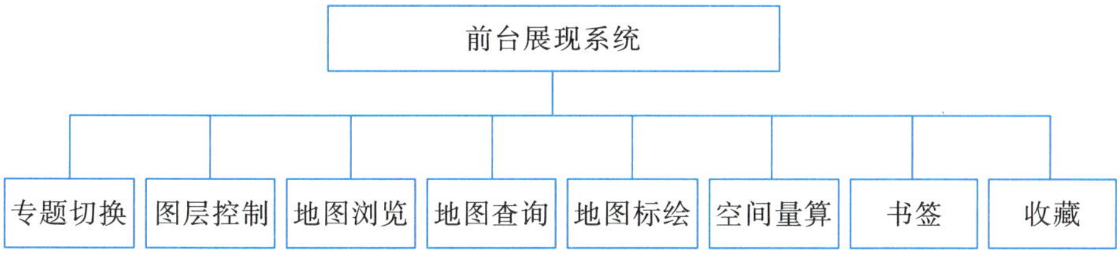

图 5.2-5 前台展现系统功能

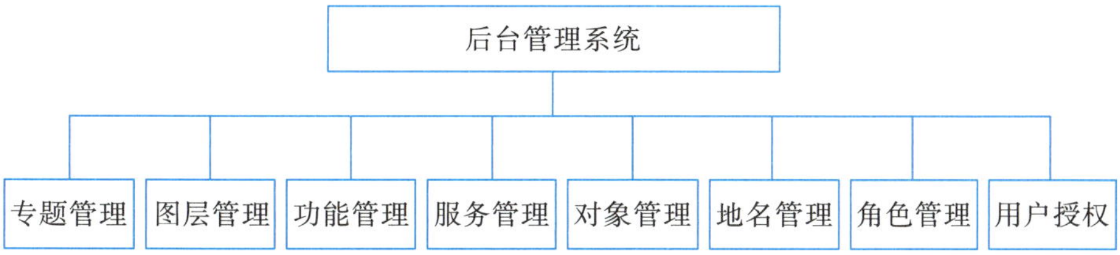

图 5.2-6 后台管理系统功能

（2）洪旱预警预报系统

澜沧江湄公河流域水旱灾害频发，常给沿岸国家带来巨大损失，因此有效的洪旱预警预报对澜沧江—湄公河流域的洪旱灾害防御十分必要。湄委会提供的洪旱预报系统仅覆盖下游国家，且预报精度不能满足防洪抗旱的需要，同时澜湄流域的水文气象监测站相对稀少，缺乏覆盖全面的精细化洪水预报模型和方法。因此，为更好帮助下游国家应对洪旱灾害，开发了覆盖澜沧江—湄公河全流域的洪旱预警预报系统。一方面充分利用包括地面监测站、遥感数据在内的各类可用数据，另一方面有利于上下游国家之间协同共建和共享，为澜湄流域提供较为可靠的洪旱预报方法，助力湄公河国家做好防洪抗旱工作。

洪旱预警预报系统利用目前主流的云存储系统框架和技术，构建基于云计算的澜沧江—湄公河洪旱预警预报系统。该系统集云数据管理、定制计算、数据可视化等功能于一体,可实现系统开发的云协作,能充分利用可获取的公开气象水文和下垫面数据集,简化操作流程,自动完成预报作业和数据前后处理等工作,提高预报精度和作业效率。

该系统旨在实现云计算的管理模式,减轻用户设备投入和维护费用。基于云平台,系统对澜沧江—湄公河流域较为密集的地面雨量站和多种卫星遥感数据进行整理入库,同时包括其他关键气象、水文、流域属性等数据,并整合用户自有数据,构建更完善的数据库。系统实现定制式构建水文模型,在给定河道控制断面基础上,自动提取模拟所需数据。模型计算的多种类型结果都实现了在系统上在线展示,方便用户更直观地掌握结果信息。同时鉴于参数对水文模型模拟具有重要影响,系统开发了快速高效的参数率定算法,可方便更新不同区域的水文模型参数。

洪旱预警预报系统有云数据管理、定制计算和数据可视化三大功能。

云数据管理通过云计算平台提供了通用的、集成的、便捷地使用所有计算资源的方法和人机交互接口,让用户通过无所不在的网络方便高效地获取服务和进行信息处理。云数据管理系统融合了目前收集整理的气象、水文、流域属性等数据,并可整合用户自有数据,构建更完善的数据库。系统中的查询模块支持用户快速获取和利用站点数据,开展目标区域的水文模拟研究。

定制计算支持定制式构建水文模型,即在给定河道得到控制断面基础上,自动提取流域,并匹配提取模拟所需的数据,使得复杂水文模型搭建效率极大提升。定制计算功能使用云计算完成。云计算具有规模大、虚拟化、可靠性高、通用性、按需服务、可扩展性、成本低等特点,用户可以随时随地地通过浏览器使用云服务,好像在“云”上运行一样,只需要电脑或手机就能方便地获得所需的服务。

数据可视化能帮助用户更好地利用和分析数据,是将研究成果转化为实际应用价值的重要途径。本系统支持用户在线查看计算结果数据,包括河道演进(流量和水位)、节点流量过程、子流域产流过程、子流域坡面汇流(分水源)等水文过程。

5.3 平台安全运行环境与集成

5.3.1 安全环境

(1)安全风险

安全风险分为业务信息安全风险和系统服务安全风险。

业务信息安全指业务信息的保密性、完整性和可用性。本平台业务信息主要包括水利对象基础资料、水利业务数据和其他数据。本平台提供的信息,特别是共享的水文信息,具有关注度高、权威性强等特点,如遭遇篡改,会影响用户获取公开数据资源。

系统服务安全是指可以及时有效地提供服务,以完成预定的业务目标。本平台的服务主要包括水行政管理应用服务、专业模型计算服务、空间信息服务、非空间信息服务等。本平台提供的服务，如遭到侵害，造成服务短时终止，会给业务工作带来一定程度的不利影响。

(2)安全防护技术体系建设

安全防护包括网络安全、主机安全、应用安全和数据安全等。

在网络安全方面，利用现有网络出口及上网行为管理系统，利用网络出口对通过网络传输的数据进行分析和识别，对违规内容进行审计、告警及阻断，方便网络事件溯源，可预防DOS攻击、非法外联控制等，可进行用户权限管理。该系统具有识别准、管理精准、网络数据更透明的特点，有利于加强上网行为管理，提高安全审计能力。

主机安全包括虚拟机安全管理、主机防病毒、主机加固、漏洞扫描等方面。在虚拟机安全管理方面，通过部署主机加固软件实现虚拟机防火墙功能。在主机防病毒方面，部署单机版防病毒软件，实现服务器主机防病毒功能。在主机加固方面，通过服务器内核加固技术，加强操作系统自身对抗恶意代码和黑客攻击的能力，抵御非法提权、非法创建可执行文件等黑客行为，有效降低无补丁可打、无法打补丁带来的安全风险；提供强制访问控制机制，根据对执行程序的强制访问控制、对信息资源的强制访问控制的不同，分别制定不同的访问控制规则，严格控制用户行为，支持基于USB-key的双因素认证功能。在漏洞扫描方面，利用漏洞扫描系统，实现对网络内的系统存在的漏洞和弱口令的深度检测。

在应用安全方面，利用Web应用防火墙，记录分析攻击样本库及漏洞情况，构建平台应用入侵防御系统，解决网页篡改、数据泄露和访问不稳定等问题，保障网站数据的安全性和应用程序的可用性。同时，在应用系统开发中加强身份鉴别、访问控制和安全审计3项功能，进一步防护应用安全。

在数据安全方面，主要通过旧数据备份和恢复等措施实现。

(3)安全管理体系建设

安全管理体系包括安全组织机构和安全管理制度2个部分。

安全机构组织即根据行业或单位网络安全及信息安全管理办法，组建本平台的安全管理机制，明确系统管理员、安全管理员和审计员的职责以保障系统安全稳定运行。

安全管理制度即根据行业制度规范和平台监管单位要求，制订密码应用方案等相关管理制度，严格执行相关安全管理和运行管理制度，保障系统安全运行。

5.3.2 运行环境

(1)技术安全

运行环境技术安全建设包括安全通信网络建设、安全区域边界建设、安全计算环境建设3方面。

本平台相关软硬件设备运行在虚拟机环境二级应用服务区内，针对外域安全域划分、网段划分、通信网络结构安全加固、网络安全互联、网络管理及网络设备防护等方面开展了安全通信网络建设。针对外域边界访问控制、网络安全审计、边界完整性检查、入侵防范、网络恶意代码防范等方面开展了安全区域边界设计。安全计算环境建设保障范围包括机房、1台应用服务器(虚拟化服务器)、1台数据库服务器(安装 Oracle 数据库管理系统)、1台 GIS 应用服务器(Windows 操作系统),以及本平台定制开发的应用系统等,安全计算环境包括物理安全、身份鉴别、应用系统、自主访问控制。

(2)安全管理

综合应用服务安全管理体系包括安全管理制度、安全管理机构、人员安全管理、系统建设管理、系统运维管理5个方面。同时将安全管理体系与技术安全防护相结合,进一步保障整体系统的安全运行。

5.3.3 平台集成

平台集成即将基于各种不同平台、异构的应用软件系统无缝、有机地集成到一个单一系统中,给用户一个整体般的操作体验,能够方便地进行业务处理和信息共享。本平台基于基础应用服务,按照统一用户管理、统一身份认证、统一登录入口,实现综合信息服务系统、洪旱预警预报系统等相关系统的集成。

(1)集成内容

集成内容主要包括业务逻辑、用户界面、数据资源集成。

平台与其他系统之间的业务逻辑集成,可以采取整体集成方式,通过网络访问地址,直接将业务系统整体纳入平台,也可将接口封装成使用 HTTP/HTTPS 协议的 Web 服务,通过应用支撑平台统一调用和管理。同时,在门户上基于 IFRAME 等方式实现不同系统重要信息集中展现,以实现不同系统之间的业务逻辑集成,系统内部接口各模块之间采用函数调用、参数传递、返回值的方式进行信息传递,接口传递的信息将是以数据结构封装了的数据,以参数传递或返回值的形式在各模块间传输。

在同一个系统中,用户界面集成主要实现子系统、功能模块、可交互服务等使用共同的界面展现形式与风格,有相似的外观,以及采用共同的用户交互标准集。

数据资源集成的目标是解决信息系统底层的数据同步性、时效性问题,也能够反映数据来源的唯一性、真实性、时点性。需要在系统开发时,在确保满足数据信息能够安全保密的前提要求下,合理规划系统数据信息,设计集成方案,减少集成造成的数据冗余,更有效地实现信息共享。

(2)系统集成方案

系统集成方案有 CAS 和用户映射2种。CAS 方案支持 Java、.NET 和 PHP 共3种编程语言开发的 B/S 架构应用系统。对于其他架构的应用系统,或无法进行升级的系统,可采用用户映射方案进行单点登录集成。

CAS 集成方案下,用户身份认证全部由应用支撑平台完成,桌面版门户和应用系统直接利用应用支撑平台的身份认证结果，不再独立进行身份验证。应用系统采用 CAS 方案进行身份认证集成时需要进行适应性改造，新增 CAS 认证渠道。具体步骤包括引入第三方工具包、修改配置文件、新增用于获取用户登录名的认证页面。

用户映射方案是基于应用系统的独立认证服务，其主要技术路线为：应用支撑平台存储应用系统用户登录特有的登录名和登录密码，并维护应用支撑平台用户与应用系统用户之间的映射关系。用户登录桌面版门户后，如需访问采用用户映射方案集成的应用系统，则由应用支撑平台根据映射关系，按应用系统的要求实时构建包含登录认证信息的 URL，用户通过浏览器访问该 URL，应用系统再次进行身份认证。

5.4　总结与展望

5.4.1　平台建设情况

(1)平台建设与集成

防洪抗旱应急管理平台建设主要内容包括数据库建设、应用支持服务建设、综合信息服务系统建设、洪旱预警预报系统建设等。

数据库建设方面。开发了空间与非空间数据库，并将数据处理入库。数据包括基础类和业务类，是防洪抗旱应急管理平台的基础。基础类数据包括流域、河流、湖泊等 8 类水利对象，主要有 8 张对象名录表、8 张基础信息表、8 张空间表、26 张关系表共计 50 张表；业务类数据包括测站基本属性、河道水情等数据。

应用支撑服务建设方面。建成了基础应用服务、专业模型计算服务、空间信息服务、非空间服务，是防洪抗旱应急管理平台应用正常运行的保证。基础应用服务包括统一用户管理、统一权限管理、统一认证管理等，专业模型计算服务包括洪旱预报预警和降雨预报方案编制等服务，空间信息服务包括 WFS、WMS 和 WMTS 服务，非空间信息服务主要包括属性信息查询服务和其他信息系统查询服务等。

综合信息服务系统建设包括开发前台展现系统和后台管理系统，是防洪抗旱应急管理平台信息管理与运用的窗口。前台展现系统功能主要包括专题切换、图层切换、地图浏览、地图查询、地图标绘、空间量算、书签、收藏等 8 大基础功能，后台管理系统功能主要包括专题管理、图层管理、功能管理、服务管理、地名管理、角色管理、用户授权。

洪旱预警预报系统建设主要通过整理地面雨量站、多种卫星遥感数据、气象、水文、流域及用户自有数据，开发了快速高效的参数率定算法，可方便更新不同区域的水文模型参数，实现了定制式构建水文模型，在给定河道控制断面基础上，自动提取模拟所需数据，完成在线展示模型计算的多种类型结果，为防洪抗旱应急管理平台洪旱预警预报提供了技术支持。

平台集成方面。采用 CAS 的集成方案将综合信息服务系统、洪旱预警预报系统与平台集成。其中综合信息服务系统实现了与平台的代码级集成，使用体验得到进一步提升。

(2)资源整合与共享

基础数据、其他子系统数据、动态数据等数据资源得到整合，包括空间数据资源和属性数据资源。空间数据资源包括基础地理数据(包括天地图、ArcGIS online 等公开在线数据)、流域边界、流域分区、DEM、国家边界、河流、湖泊、水电站、水库、测站、考察点等数据；属性数据包括空间数据里的基础信息和其他信息。本平台还完成了非空间数据和空间数据的共享服务建设。

5.4.2 平台建设意义

防洪抗旱应急管理平台包括防洪抗旱数据库、平台、综合信息系统、洪旱预警预报系统等，能展现澜湄流域范围内的基础信息。该平台建设的主要意义有以下几个方面。

一是能为流域各国及时提供水情，起到增信释疑和促进合作的作用。澜湄流域暂未建设全流域水资源信息数据平台，各国对水情及其相关数据获取渠道不够通畅。建设防洪抗旱应急管理平台，汇集水文、地理、气象及其他基础数据，能为各国提供准确和及时的水情信息，供域内国家相关人员查询和使用，能有效减少由于信息共享不充分引起的误解和争论，有助于维护良好的次区域合作氛围。同时，防洪抗旱应急管理平台的数据亦能作为基础数据，服务其他项目，为加深和促进合作打下坚实的数据基础。

二是能助力域内国家防洪抗旱，保障人民生命财产安全。受东南亚季风气候影响，澜湄各国同处的东南亚区域易发生水旱灾害。由于湄公河国家防洪抗旱基础设施暂不完善、能力不足，加之受全球气候变化影响，灾害发生规律逐渐变化。因此，水旱灾害常给域内国家带来严重损失。防洪抗旱应急管理平台可通过水文预报、洪水和干旱预报预警等功能，及时发布洪旱灾害预测分析结果，延长湄公河国家决策时间和准备时间，助力相关国开展防洪抗旱工作，减少洪涝灾害和干旱造成的损失，保护人民的生命财产安全。同时，在洪旱灾害发生后，防洪抗旱应急管理平台可通过收集和综合分析最新数据，指导受灾区域正确开展各项救灾工作。

三是促进区域水资源更好服务各国经济社会发展。水资源是人类生产和生活中不可缺少的重要资源，对于经济社会发展至关重要。依托水资源、社会经济等基础数据，防洪抗旱信息管理平台后期可开发水资源配置、水库联合调度、水资源综合管理等功能或应用，以帮助各国更为合理地调度和分配水资源，提高水资源利用效率，让水资源更好服务于经济建设和社会发展。

5.4.3 展望

防洪抗旱应急管理平台致力于推动澜湄国家在水资源信息、知识、经验和技术的共享和应用，为各国提升水资源保护、开发利用能力和水平，加强区域协调与合作，共同应对区域水资源挑战，服务区域经济社会可持续发展提供支撑。平台还可在以下三个方面开展深化建设。

一是提升汇聚数据的广度和质量。随着澜湄水资源合作的逐步深入，进一步推动河流、湖泊、水库、大坝、监测站等基础数据共享。在数据种类不断丰富的同时，也需要保证数据质量。参照国内外水利行业相关标准和规范，开展水利工程名录数据库的设计工作，完善数据库结构；完成水利工程图斑和名录信息的数据标准化和入库工作，完善水利工程名录库；对已入库数据进行质检抽查，对发现的错误数据进行修复。

二是赋能监测预警服务。长序列历史和实时的水文监测数据是保持平台鲜活力的重要因素，提升历史数据的统计分析能力，加强实时数据的抓取能力，为监测预警服务提供可靠保障。同时，要赋能水文数据分析和洪旱灾害预警服务，在预警模型上从“事后”“事中”向“事前”升级。在应对洪旱灾害中与各国共享预警信息，促进技术合作，推动共同应对洪旱灾害。

三是加强技术推广。高分辨率遥感监测技术已广泛应用于自然资源、土地利用、应急减灾、气象等领域；人工智能自动解译技术能够显著提升遥感影像数据的信息提取与分析效率。推广遥感影像和人工智能自动解译技术在洪旱灾害中的应用，如灾前预报预警、灾中受灾范围分析、灾后重建等方面，能为决策者提供科学支撑，有助于中国技术走出去。

第 6 章　典型小流域综合治理示范

CHAPTER 6

6.1　概况

6.1.1　背景

在全球气候变化和人类活动等多因素影响下，澜湄流域部分地区水旱灾害频发，严重威胁当地居民的生命财产安全。自改革开放以来，经过 40 多年的高速发展，我国在水利资金、科学技术和人才培养上优势明显，形成了许多独特的治水理念，在国际上赢得了广泛的影响力和良好的声誉。近年来，澜湄六国均面临水资源需求不断上升、洪旱灾害频发、局部地区水生态系统退化、水污染加重以及气候变化带来的不确定性等挑战。自澜湄水资源合作机制确立以来，澜湄水资源合作取得了积极进展。澜湄六国深化了水资源保护与可持续利用合作顶层设计，加深了治水理念和政策的交流与沟通，稳步落实《澜湄水资源合作五年行动计划(2018—2022)》，共同设计并实施了多项涉水民生项目，提升了信息共享水平，密切了人员交往，促进了与其他机制协同增效。

小流域综合治理是澜湄水资源合作中重要的一部分，是依据小流域的自然和社会经济状况以及相关区域的国民经济发展需求，以小流域水土流失防治、改善生态环境为中心，以提高生态经济效益和经济社会持续发展为目标，以基本农田优化结构和高效利用及植被建设为重点，建立具有水土保持兼高效生态经济功能的半山区小流域综合治理模式。老挝南乌河流域普遍缺乏水资源与水生态环境保护意识，流域内人为水土流失问题日益突出，水资源与水生态环境保护管理处于起步阶段，法律法规不健全，监测能力不足。南乌河流域超过 90%的土地面积属于山丘区，完全平坦地区仅占总面积的 2.2%，加之当地雨水充足、雨量集中，土体普遍偏黏、易于产流，具备山洪大面积暴发的基础条件。当地人口聚落较为分散，基础防御设施不足，流域山洪发灾隐患较大。基于以上两点，在南乌河流域进行小流域综合治理迫在眉睫，且对务实推进澜湄水资源合作以及减轻或消除山洪灾害威胁，促进湄公河国家经济社会发展具有重要意义。

2020—2022 年，契合澜湄合作领导人会议精神及《澜湄水资源合作五年行动计划(2018—2022 年)》提出的“水资源保护与绿色发展”领域及“小流域综合治理”议题，在中国水利部及长江水利委员会的指导下，长江科学院作为技术牵头单位，在老挝南乌河流域实施了“澜湄国家典型小流域综合治理示范（一、二期）”项目。2020—2021 年，一、二期项目分别选取了老挝丰沙里省勐三潘县阳鄂村（YangNeua village）、丰沙里县红杉村（Homsang village）为示范村落。遵循绿色可持续发展理念，面向澜湄流域水资源保护空间管控不足、水资源综合利用与环境治理水平亟待提高、水旱灾害频发、经济发展与生态保护需协同优化等现实问题，该项目编制了《老挝典型小流域综合治理方案（一期）》和《老挝典型小流域综合治理方案（二期）》，提出了改善民生、修复生态、治理环境、防御自然灾害的小流域综合治理与水资源保护与绿色发展思路；实施了水资源保护空间管控示范和水资源综合利用与环境治理示范，具体包括饮用水水源净化、垃圾收集处理、水土流失防治坡改梯及谷坊建设、山洪灾害防御雨量水位墒情站建设、经果林种植及移交等综合治理及绿色发展项目，以强化水资源保护、加强环境治理、减轻或消除灾害威胁。与此同时，邀请了当地政府及领事馆等共同参与了项目全过程，并通过国内外各类媒体、公众号开展宣传，推动澜湄国家在小流域综合治理方面的技术交流合作及经验分享。该项目的实施对促进湄公河国家小流域水资源保护及经济生态环境绿色可持续发展具有重要意义。

6.1.2　示范区概况

（1）地理位置

南乌河是老挝境内湄公河最大的支流，发源于老挝北部丰沙里省与中国云南省接壤的边境山脉，干流自北朝南流经丰沙里省和琅勃拉邦省，于琅勃拉邦省巴乌（PakOu）附近汇入湄公河，支流展延至乌多姆赛省。南乌河干流全长 484km，天然落差约 1020 m，平均比降约 1.5 ‰，河口多年平均径流量为 160.7 亿 m^3。南乌河流域面积为 2.6 万 km^2，其中老挝境内 2.47 万 km^2，约占老挝国土总面积的 1/10（本章下文中“流域”若无特殊说明，均指老挝境内部分）；越南境内面积 0.13 万 km^2（为支流 Nam Noua 上游部分），涉及奠边省的奠边府、会亥、孟清、巴金等县市，塘坝、水库等水利灌溉基础设施建设相对较完善。

（2）气象水文

南乌河流域水系发达，支流众多，水系呈不对称分布，右岸支流集水面积大于左岸支流，集水面积大于 500km^2 的支流有 11 条，大于 1000km^2 的支流有 6 条，最大的支流的集水面积超过 3000km^2。支流河长和天然落差差别较大，主要支流特性见表 3.2-1。

南乌河位于老挝北部高原，地处热带季风气候区，流域年降雨量约在 1300～1700mm 之间，年内气候分为干（旱）、湿（雨）两季，其中 5—9 月为雨季，降雨量可占全年降雨量的 80％以上，10 月一次年 4 月为旱季。流域西南方向孟加拉湾和东南方向南海北部湾的暖湿气流是降雨的主要水汽来源。流域南部地势较低，月平均温度较高、风速较小，北部地势较高，月平均气温较低，风速较大。

南乌河流域水资源丰富，水能资源富集，多年平均水资源量为 160.7 亿 m^3，人均约 4 万

m^3，是世界平均水平的5倍。水能资源技术可开发量约1670～1850MW，其中干流技术可开发量约1300MW。

(3)现状分析

南乌河流域民众普遍缺乏水资源与水生态环境保护意识，流域内人为水土流失问题日益突出，水资源与水生态环境保护管理处于起步阶段，法律法规不健全，监测能力不足。

南乌河流域土地总面积24671km^2。林地(含灌木林地)面积21670km^2，占土地总面积的87.84%；潜在耕地面积1822km^2，占土地总面积的7.39%；草地面积493km^2，占土地总面积的2.03%；建筑用地面积50km^2，占土地总面积的0.20%；水域面积55km^2，占土地总面积的0.24%；其他用地面积110km^2，占土地总面积的0.45%。土地类型以林地(包括灌木林地)为主，林地均匀分布于南乌河流域各地区；其次是草地、耕地，主要分布于南乌河及其支流的沿岸地区。迁移农业的耕作方式是水土流失产生的重要原因之一。南乌河流域山区农民几乎保持着原始的游耕生活，所有生活必需品都来自森林。其在森林中的游耕方式为雨季过后砍伐一片山地树林，旱季晒干后放火烧荒。这种生产方式不仅作物产量低而且易导致水土流失，土地肥力下降。被砍伐的林地需要几年甚至几十年才能恢复，因此流域耕作方式亟须从环境破坏型向环境友好型转变。

南乌河流域地形以山地为主，山地约占全流域的四分之三。根据坡度分析，南乌河流域坡度为5°以上土地面积为23365.59km^2，占总面积的94.71%；坡度为15°～25°的土地面积为10476.92km^2，占总面积的42.47%；坡度大于25°的土地面积为4651.91km^2，占总面积的18.86%。总体而言，流域土地坡度以8°～35°为主。2015年，流域潜在耕地面积达到2290.99km^2，坡耕地占耕地比例很大。其中大于5°的坡耕地面积1613.90km^2，占总耕地面积的70.45%；大于25°的坡耕地面积203.81km^2，占总耕地面积的8.90%。坡耕地既是山地高原区人民赖以生存的基本生产用地，又是水土流失的重点区域和主要来源。水土流失常带来耕地质量下降，进而制约经济发展，加剧人民贫困，因此必须坚持统筹规划各类用地，因地制宜发展产业。

南乌河流域超过90%的土地面积属于山丘区，完全平坦地区仅占总面积的2.2%，加之当地雨水充足、雨量集中，土体普遍偏黏、易于产流，具备山洪大面积暴发的基础条件。考虑到当地人口聚落较为分散，基础防御设施不足的现状，流域山洪发灾隐患较大。南乌河流域现阶段山洪中、高易发区总面积为13362.3km^2，占土地总面积的54.3%，其中中易发区8701.4km^2，占总土地面积的35.4%；高易发区4660.9km^2，占土地总面积的18.9%。此外，尚有11253.4km^2的土地为山洪易发程度相对较低的低易发区，占流域土地总面积的45.7%。

南乌河流域的森林资源保存较好，植被覆盖率很高，区域地质活动总体不活跃，土壤侵蚀不严重，松散体和不稳定坡体的分布范围也不大，水土流失呈零星分布，局部强烈且具有隐蔽性。发育的山洪类型以山溪性洪水为主，滑坡、泥石流等次生过程较少发生。

6.1.3 示范建设概况

遵循联合国可持续发展目标，依托中国在小流域综合治理中取得的绿色发展成功经验和灾害预警预报方面的成熟技术和先进设备等综合优势，结合澜湄国家的经济社会发展需求，本项目在老挝南乌河，选择居民生活水平亟待提高、生态环境保护迫切、山洪灾害严重的典型小流域南里河，制定小流域综合治理实施方案；选取了老挝丰沙里省勐三潘县阳鄂村和红杉村作为试点示范区，开展示范区现状和需求分析，制定综合治理方案，开展示范效应评估与经验交流等工作。

通过在示范区实施生态环境修复、人居环境改善、水土流失防治、山洪灾害预警预报及经济发展提升等综合治理项目，建立绿色发展样板工程，并通过全方位推介，宣传推广小流域综合治理的经验及建设模式。本项目实施有利于指导解决澜湄国家生态环境保护与经济发展的矛盾、降低自然灾害损失和增进居民生活福祉，可进一步深化中国与澜湄国家的务实友好合作，助力“一带一路”重要倡议，推动我国与湄公河国家命运共同体的建设。

6.2 示范区需求分析

6.2.1 阳鄂村概况

阳鄂村老挝人民民主共和国丰沙里省(Phongsaly)，位于五级电站枢纽区左岸，进场公路南乌河跨江大桥上游南乌河的一小支流南里河内，距坝址约 0.6km，距南乌河跨江大桥 0.2km。阳鄂村分布于南里河两岸，距跨江大桥约 0.2～1km。

阳鄂村是南乌河五级水电站修建移民安置点，村民多由南乌河五级电站周遭搬迁至此。阳鄂村村址原为南乌河五级水电站枢纽区施工修建营地，包括业主办公区、大坝主体承包商临时营地、承包商材料库、基础局营地、土建施工队营地及混凝土搅拌系统等建筑物。该场地在业主营地建成、大坝主体承包商撤离搬迁后，于 2017 年 1 月底开始进行移民安置点，建设场地大部分边坡为原有建构(筑)物建设时开挖边坡。

阳鄂村共有房屋 74 户，村民约 437 人，另有一所学校，包含教学楼、教工宿舍及公共厕所；同时还有村庄大厅和小型集市各一处。

6.2.2 阳鄂村现状分析

(1)饮用水现状

项目实施前，阳鄂村主要取水点和水存储设备位于学校东侧，主要水存储设备为砖混结构蓄水池一座。根据现场踏勘，蓄水池的设计尺寸为：长 9.00 m、宽 5.05 m、高 2.06 m，体积共计 93.627 m^3，预期储水上限为 90 m^3。南乌河流域村落中居民人均需水量为 10L/人天，结合村落人口数据，阳鄂村每天预计需水在 4.5 m^3 左右，目前水存储设备蓄满水后能满足村民近 20 天的用水需求。

阳鄂村主要取水点所用水为当地山泉水，主要处理过程为在主体水存储设施上级设置简易沉淀池及澄清池，对水体进行简单的过滤和沉淀。阳鄂村用水处理设施较为简易，水源安全几乎得不到保障。阳鄂村目前所用水源是浅层地下水。而浅层地下水在流动过程中，可能携带泥沙、腐叶、动物排泄物等污染物，或者冲刷溶解土壤和岩石中的化合物，导致水中微生物和化学指标超出生活饮用水标准，特别是微生物指标易超标，水质极不稳定。目前简易的水处理设备很难保障当地居民的饮用水安全需求。阳鄂村村民取水及排水管道，村民用水管道入户情况见图 6.2-1。

图 6.2-1 阳鄂村村民取水点及排水管道现状图(左)，阳鄂村居民用水管道入户情况(右)

(2)垃圾处理现状

垃圾处理是人居环境整治的难点和痛点。阳鄂村地处山区，村落房屋分布于南里河两岸，距离县城路途遥远且均为崎岖的山路，其基础设施、产业发展和人文教育远落后于城市区域。当地农户生活垃圾随意堆放，污水乱排，人居环境不断恶化，同时也造成了严重的水环境和水生态安全隐患。

阳鄂村环卫基础设施建设严重滞后，居民对垃圾的处理方式较为简单、随意，加之居民居住分散，仅有一处垃圾处理池，无法满足需求(图 6.2-2)。同时，由于村民的环保意识较差，卫生意识落后，对于垃圾的危害性认识不足，生活垃圾被弃置于河道、路旁、屋前屋后的现象十分普遍。即使修建了垃圾收集池和垃圾填埋坑，垃圾的随意丢弃现象仍是常态。

图 6.2-2　阳鄂村垃圾丢弃现状

阳鄂村地处原始森林区域，地理条件恶劣，交通不便，经济状况落后。村内生活垃圾主要类型为人畜粪便及剩菜剩饭、菜根菜叶、果皮骨头等食品类废物，还有少量的可回收垃圾和有害垃圾：如废纸、塑料、玻璃、金属和布料等。目前，阳鄂村修建有一个垃圾填埋坑和垃圾收集池（图 6.2-3）。据现场踏勘结果，仅一个垃圾收集池难以满足居住较为分散的阳鄂村村民的垃圾处理需求，是造成村民随意将垃圾弃置于河道、路旁的主要原因之一。

图 6.2-3　阳鄂村垃圾收集池现状

（3）水土流失现状

根据 2020 年遥感解译结果，阳鄂村所属的南里河小流域微度以上水土流失总面积（后称流失面积）1.10km^2，占土地总面积的 5.49%。其中水土呈轻度流失的面积为 0.04km^2，占流失面积的 0.21%；呈中度流失的面积为 0.31km^2，占流失面积的 1.64%；呈强烈流失的面积为 0.55km^2，占流失面积的 2.91%；呈极强烈流失的面积为 0.12km^2，占流失面积的 0.63%；呈剧烈流失的面积为 0.08km^2，占流失面积的 0.42%。流失强度以微度为主，面积为 17.84km^2，占流失面积的 94.19%。见图 6.2-4，表 6.2-1。

图 6.2-4　南里河小流域水土流失现状图

表 6.2-1　南里河小流域水土流失现状表

水力侵蚀等级	面积/km²	占比/%
微度	17.84	94.19
轻度	0.04	0.21
中度	0.31	1.64
强烈	0.55	2.90
极强烈	0.12	0.63
剧烈	0.08	0.42
汇总	18.94	100%

根据收集到的相关资料和前期规划，目前示范区域的水土流失隐患主要集中在面蚀和沟蚀。其中引起面蚀的主要原因，一是当地整体地形处于老挝北部山区，总体地势北高南低，坡度较大，水土容易流失。二是当地村民实行较为原始的刀耕火种种植方式，对土地植被破坏较大，易引起水土流失。

刀耕火种又叫迁移农业，有些地方称之为“打游击农业”，是一种古老原始的农业耕作方式。原始的刀耕火种模式会对生态环境造成巨大破坏。大规模的森林植被被砍伐和破坏，一方面会造成严重的水土侵蚀，加剧土地沙化、滑坡和泥石流等自然灾害；另一方面，降低了水源涵养能力，加剧了洪涝灾害。森林和植被破坏还从根本上降低了土壤的保水能力，加之土壤侵蚀造成的河湖淤积，导致大面积的洪水泛滥，加剧了洪涝的影响和危害。

(4)山洪灾害现状

南乌河流域山洪中、高易发区总面积为13362.3km^2，占土地总面积的54.3%，其中中易发区8701.4km^2，占总土地面积的35.4%；高易发区4660.9km^2，占土地总面积的18.9%，山洪防御形势总体较为严峻。然而，与此形成对比的是，目前老挝在南乌河流域甚至在大江大河的山洪灾害防治减灾方面缺乏基本的防御设施，许多重点城镇均未达到基本的山洪灾害防治标准，且由于缺乏必要的监测站网和专业技术及管理人员，当局也无利用干流已/在建水库提高下游干流重点城镇山洪灾害防治能力的计划与方案，在历史灾害记录方面也缺乏系统的统计与整理，针对典型小流域沿河/沟村落山洪灾害的防御措施更是几近空白。

老挝政府为应对日益严峻的资源、环境问题，在立法方面采取了一系列措施，如1991年宪法的第17条规定"所有组织、个人必须保护环境与自然资源，包括土地、地下物、森林、植被、野生动物、水源和大气。"根据宪法规定，1993年10月，老挝制定了国家政策纲要——环境行动计划，强调对自然资源的开发和使用必须遵循环境保护和自然资源管理的规定。1999年4月26日，老挝《环境保护法》正式实施，为老挝环境管理提供了有效的手段和保障。在机构设置方面，老挝政府组建了自然资源与环境保护部，旨在构建一个更为有效的资源环境管理体系，以达到社会发展、经济增长与资源环境相协调的总体目标。

老挝南乌河流域山洪灾害防治方面存在的主要问题有以下几个方面：1)较大规模的山洪灾害虽然不常发生，但由于流域地形以山地丘陵为主，起伏大、坡度陡，加之当地降雨量大、暴雨集中、土质偏黏，大部分地区发生山洪的潜势较大；2)流域耕地资源和平坦土地有限，居民点普遍规模较小，居民居住分散，当地盛行的迁移农业(特别是刀耕火种)对森林植被破坏力较大，局部地区容易形成较严重的水土流失，加之松散堆积较厚，这些均有助于山溪性洪水及次生灾害的发生；3)随着当地社会经济和人口规模持续较快增长，以及一系列水电开发项目的建设和使用，未来南乌河流域的城镇化和工业化，会给当地的山洪灾害防御形势带来更大压力；4)当地政府在山洪灾害防治方面的工作基本处于空白状态，山洪灾害的风险识别与评估工作需要开展，基本的应对策略需要准备，水雨情监测站网需要进一步完善，对重点城镇影响较大的山洪沟亟须治理，相关的专业技术和管理人才需要培训。

总体而言，老挝南乌河流域大的山洪灾害虽不多见，但南里河小流域具备暴发大规模山洪的自然条件，且由于人口聚落分散、耕作方式落后、土地利用不尽合理、基础防御设施不足、缺乏专业技术和管理人员等方面的原因，山洪发灾隐患仍然较大，特别是随着国民经济和人口的较快增长，未来流域的山洪防御形势会愈发严峻。

6.2.3　红杉村概况

二期项目示范村落为老挝丰沙里省丰沙里县红杉镇的红杉村。红杉村位于南乌河与南瓦河(Namva River)交汇处下游约7km的南乌河右岸，地处老挝北部丰沙里省丰沙里县贫困山区，于2015年底由原来的4个村落合并而成。红杉村位于南乌河六级电站(Nam Ou 6

HPP)坝址上游约 20km 处(图 6.2-5),距丰沙里县城约 5km,交通不便,长期与外界缺少联系,村子对外交通以公路和南乌河小机动船为主,种植区以树林坡地为主;村民近 90%为少数民族(Lao Seng 族),仍依靠烧山方式耕种,主要种植旱稻、玉米,缺乏水资源保护与绿色发展的理念。

图 6.2-5　红杉村与南乌河六级电站位置关系图

6.2.4　红杉村治理现状

(1)饮用水现状

红杉村主要水源为来自距村约 4.5km 的山涧溪流水。红杉村现有供水工程修建于村落建设时期,该工程由拦水坝、蓄水池(约 200m^3)和连接管道组成。拦水坝修建在水源点,蓄水池位于村内最高点,连接拦水坝、蓄水池和安置点的是 DN65 热镀锌钢管。蓄水点的水由蓄水池单线送至安置点 A、B、C 三个片区。由于三个片区高程不一致,其中 A 区最高,C 区最低,又是单管连接,C 区部分水龙头常年打开,所以导致 A 区常年无水供应。根据现场调查情况,考虑到红杉村的长远发展,需要对该村供水工程进行改造。红杉村 ABC 组及水厂位置见图 6.2-6。从图 6.2-7 可以看出,红杉村入户取水情况较为良好,但现有的水质净化设备及蓄水池亟待改善。

图 6.2-6　红杉村供水情况示意图

图 6.2-7　红杉村现有的水质净化设备及蓄水池(左),红杉村村内取水点现状(右)

红杉村供水系统主要存在如下方面问题:1)供水保障率不够,缺乏合适稳定的水源,红杉村供水来源主要为南乌河流域内北部山区的季节性短源河流,水资源年内和年际波动较大,导致枯水季节和枯水年份供水得不到保障;2)供水工程供水规模不够、覆盖率不高,人均供水能力不到 160L/人/天,村镇集中供水能力不能满足和适应村镇发展的需求;3)水厂工艺不达标,仅做简单处理,水质风险较大;4)缺乏统一完备的自来水管网等供水设施,管网漏损率大于 20%,严重的管网漏损加剧了供水短缺状况;5)供水设施严重老化,50%以上的供水设施因出现故障而不能正常工作,供水保证率低。

(2)垃圾处理现状

由于地处偏远地区且经济、交通条件较差,红杉村的主要垃圾类型是生活垃圾,其他垃圾占比较小。红杉村自迁置以来垃圾处理措施一直未完善,村民基本选择就近原则处理垃圾,如图 6.2-8 所示,红杉村多数垃圾未经处理,通常被自由丢弃或者焚烧。垃圾就近随意丢弃现象严重,村内公共区域社会环境较差,给红杉村的整体形象和村民生活造成较大影响。当下面临的垃圾处理相关问题主要有:一是村落尚无集中的垃圾收集和处理设施,垃圾收集疏于管理；二是村民垃圾处理意识较淡薄；三是垃圾被随意弃置于河道，导致水环境污染风险也随之产生。

图 6.2-8　红杉村河边垃圾丢弃情况(左)和居民生活区垃圾丢弃情况(右)

(3)水资源保护、利用现状

南乌河流域普遍缺乏水资源保护意识，流域内主要城镇基本没有污水处理系统，城镇生活废污水直排河流，农业面源污染日益加重。水资源保护管理处于起步阶段，法律法规不健全，监测能力不足。据调查，目前红杉村村民节约用水的意识相对薄弱，安置点 B 和 C 区内多数村民水龙头已损坏，导致水流长期流淌，浪费现象较为严重，这也是导致该村供水不足的直接原因。民众普遍缺乏环保及水源地保护意识，水源地防护措施不到位，且流域内几乎无污水处理设施。

6.3　示范区综合治理示范方案与建设

6.3.1　阳鄂村综合治理示范方案与建设

基于南乌河流域人居生活环境现状及基本特征，充分考虑当地居民对经济发展和生态改善等方面的诉求，通过建设饮用水提供安全设施、生活垃圾收集与处理设施和水土保持工程三方面来改善村落人居生活环境。

在饮用水安全设施方面，采用封禁措施对水源地进行保护，安装自动生物慢滤水处理设备，每日提供净水量大于 5m^3，满足村落用水需求，提高村落居民的安全饮用水水质。在生活垃圾收集与处理方面，考虑增设垃圾收集池以满足阳鄂村的垃圾处理需求，同时可宣传垃圾分类知识和推广生活垃圾处理技术。在水土保持方面，包括建设水土保持工程，开展谷坊和坡改梯改造，加强保护水土资源。

(1)饮用水安全保障方案

基于阳鄂村饮用水水源位置、村舍分布、居民用水需求等，针对居民饮用水供水及处理上存在的问题，结合现有供用水管道线路与布局，运用生物慢滤水处理技术，设计集中式生物慢滤供水措施，明确净水设施安装位置及管线布局方案，有效解决居民饮水安全问题，降低饮用水安全事故发生风险。生物慢滤技术是物理吸附过程和生物化学过程共同作用的结果，上层滤料表面形成生物黏膜，利用生物膜及滤料过滤作用可实现进水浊度的有效降低及部分微生物、氨氮和有机物等的去除。小型集中式生物慢滤水处理技术工艺基本流程为：水源水→粗滤→生物慢滤→清水池→用户（见图 6.3-1）。该技术具有易于建设和维护、运行成本低、管理简便等特点，且滤料可就地取材，已在中国湖北、福建、广西、四川等多个省份得到广泛应用。

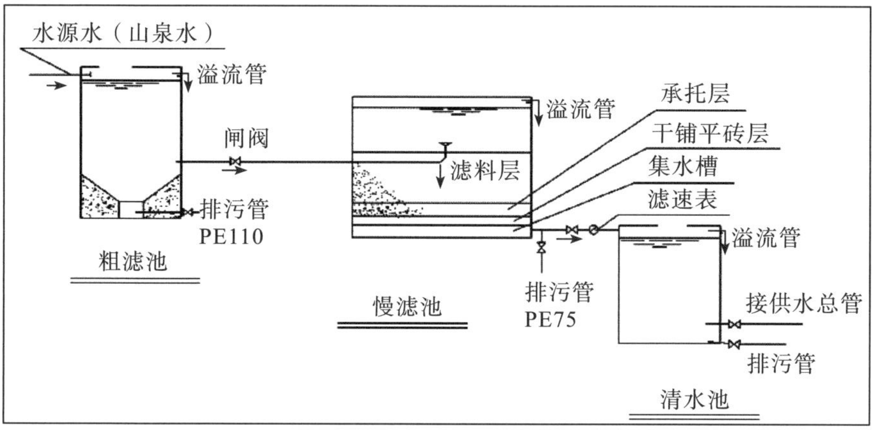

图 6.3-1　小型集中式生物慢滤水处理技术流程图

此外，还研究建立了不同类型地表水水源及水质、不同规模的生物慢滤净水系统建设和运行管理模式。对于浊度较高（高于 20 NTU）的原水，在慢滤前增加粗滤单元。结合示范区水源水质情况，完善其预处理、滤速控制和藻类污染防控等措施，形成适应于不同规模、不同原水水质的生物慢滤水质净化系统解决方案及运行管理模式。

同时，在工程建设过程中和完成后对当地农民开展培训，当地居民深度参与到整个工程的建设、运行、维护全过程。

阳鄂村蓄水池布设在村内居民区最高平台上，供水模式采取管道布设到户，即管道由供水池通至居民房屋外，采取 2～3 户一个集中取水点的模式进行供水，主体管道为防腐钢管，饮用水供水安全隐患较低。

（2）垃圾处理设施方案

根据阳鄂村农业和水环境污染产生的垃圾处理需求，以及阳鄂村垃圾处理现状，以解决阳鄂村生活垃圾问题，保障人居环境，防范农业和水环境污染，以问题为导向，以切实解决阳鄂村垃圾处理中存在的问题和垃圾处理方式不当对于农业和水环境的污染问题为目标，设计垃圾集中处理站，对垃圾进行集中自动分选、回收再利用和分类无害化处理。并选择满足相应功能的垃圾处理设备，建设垃圾处理站，以解决治理范围内村镇生活垃圾问题，保障人居环境，并防范农业和水环境污染。

阳鄂村垃圾以生活垃圾为主。目前修建的占地面积达 80m^2 的垃圾填埋坑足以满足相当长一段时间的垃圾填埋需求。当下面临的垃圾处理问题主要由以下因素引起:一是由于村落房屋分散且分落于河道两岸,距垃圾收集池较远,二是垃圾处理疏于管理且村民垃圾处理意识较淡薄,垃圾被随意弃置于河道。针对上述垃圾处理痛点,主要方案为新增设垃圾收集池 3 个,分别位于不同居民聚居区,垃圾收集池整体设计和现存垃圾收集池保持一致,同时安排后期运维、宣传垃圾分类处理和张贴标语标志(图 6.3-2)。

图 6.3-2　垃圾分类初定宣传标语

结合村镇环境治理区所在地区和村落本身经济条件、人民生活习惯等基本情况,阳鄂村垃圾主要分为生活垃圾及其他垃圾。对生活垃圾主要采用生态堆肥方式处理;对其他垃圾主要采取投放入垃圾收集池并集中填埋入垃圾填埋坑的方式处理。

(3)水土保持工程措施方案

依照水土保持措施的建设内容和规模,基于分析生态修复保护区范围内的建设条件,针对疏林地、郁闭度较低的区域选取适宜当地生长的树种,按照林木类型,制定造林工程整地、栽培、抚育管理等水土保持林补植措施。在易发生水力侵蚀的冲沟、河岸裸土等地带修建诸如鱼鳞坑、谷坊、淤地坝及坡改梯等水土保持工程措施。并结合示范区域现状和水文、气象、地貌等基础资料,选取水土流失风险较大的典型区域进行面蚀和沟蚀治理,主要采取谷坊工程和坡改梯工程(图 6.3-3)。

坡改梯工程通过修筑土(石)坎梯,改变坡地小地形,减少或防止产生坡面径流,拦蓄雨水，使其渗入农地，达到减小水土流失的作用。茶树作为老挝丰沙里省宣传较广的特色经济树种，可以为当地村民创造较大的经济收益。同时，茶树能有效调节降水和地表径流，通过林冠层对天然降水的截留，改变园地上的降水形式，削弱降雨强度和降雨冲击地表的能量。茶树的根系亦能固持土壤。考虑到治理区的坡度较大，加之当地居民较为原始的耕种方式，因此选择坡改梯工程，并建议在梯田中种植茶树，在治理水土流失的同时也为当地居民增加收入。

谷坊是在易受侵蚀的沟道中，为了固定沟床而修筑的土石建筑物。谷坊横卧在沟道中，高度一般为 1～3m，最高 5m，能抬高侵蚀基准，防止沟底下切；抬高沟床，稳定山坡坡脚，防止沟岸扩张；减缓沟道纵坡，减小山洪流速，减轻山洪或泥石流危害；拦蓄泥沙，使沟底逐渐台阶化，为利用沟道土地发展生产创造条件。治理区属于亚热带湿润气候，雨量充沛，年均降雨量为 2500～2800mm，降雨集中在每年的 5—9 月，冲沟极易受到暴雨洪流的侵蚀，河岸边坡侵蚀崩岸状况时有发生，因此选择谷坊工程作为沟蚀治理方案。

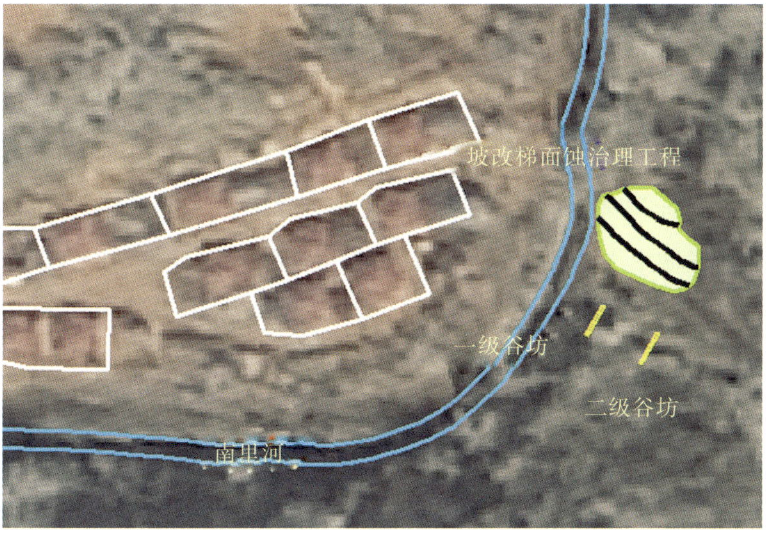

图 6.3-3　水土保持工程措施选址情况

(4)经果林种植方案

因地制宜种植经济果木林，将治理与开发、生态效益与经济效益相结合，发展水土保持产业，可促进农村产业结构调整，发展农村经济，增加农民收入。经与当地村民协商，选取阳鄂村中的一块高地，实施经果林种植。该区域原计划种植茶树及橡胶林，经与当地村民沟通，改为种植当地水果，种植品种为杧果、红毛丹、龙眼、橘子、人心果、山竹、柚子、柠檬和荔枝。

(5)山洪灾害防御体系巩固提升方案

为更好监测山洪灾害，在南里河小流域布设 1 台自动雨量站和 1 台雷达水位仪。雨量站选址位于南里河流域阳鄂村上游约 3.5km 处。水位仪选址位于阳鄂村上游。

雨量墒情站建设包括站点基坑开挖、机箱内设备安装、测站立杆浇筑、墒情计安装和测站围栏安装等。水位站建设主要包括站点基坑开挖、预埋件安装、机箱内设备及水位计安装、测站支架安装和测站围栏安装等。

6.3.2 红杉村综合治理示范方案与建设

基于红杉村及南瓦河流域人居生活环境现状及基本特征，充分考虑当地居民对经济发展和生态改善的主要诉求，通过建设饮用水安全设施、生活垃圾收集与处理来改善村落人居生活环境；通过实施水资源空间管控为小流域水资源利用及保护提供指导；通过实施经果林和坡改梯工程防治小流域水土流失，并为提升村民收入增加渠道。红杉村综合治理方案主要包括饮水安全建设、垃圾处理站建设、水资源空间管控、水土流失治理、经果林培育等方面。

饮水安全方面，新增沉淀池，根据地势新修供水管路等方式保障村落居民的饮水安全。垃圾处理方面，通过合理选址规划，建设垃圾收集池，安装大型垃圾处理设备，来有效防范农业、水环境污染。水资源空间管控方面，绘制水资源空间分区“一张图”，为小流域水资源利用及保护提供指导，提高流域水资源节约利用水平。水土流失治理方面，通过实施坡改梯示范工程，改善小流域水土流失现状，为当地的农业可持续发展打牢基础。在居民增收方面，通过实施经果林种植与移交，使当地产业结构得到优化，促进经济增长，提高居民收入。

(1)饮用水安全保障方案

基于红杉村居民饮用水水源位置、村舍分布、居民用水需求等，针对居民饮用水供水及处理上存在的问题，新增沉淀池、供水管道和居民水表。具体方案如下：

①新增一个沉淀池，采用砖砌水泥结构，用钢筋加固，沉淀池建于红杉村供水站和水源点之间，沉淀池底部出水海拔必须高于供水站净化水池进水口海拔高度。

②在村内高位供水池下方的主出水管道处修建 1 个调节池(1m×1m×1m)，调节池埋入地下，钢筋混凝土结构，单层钢筋网，调节池底板高程必须高于 A 组居民区最高处住户房屋 5m 的位置，确保形成高差，保证 A 片区居民供水。

③新建调节池至 B、C 区的主供水管，全长约 660m，供水管采用聚乙烯 PE 管(DN100)。

④在供水管道改造实施过程中，给每户安装水表一只。丰沙里县政府表示将出台相应的用水政策，并对用水收取相应的费用。一方面作为供水系统维护费用，另一方面也培养村民节约用水的习惯。

(2)垃圾处理设施方案

垃圾处理设施方案以解决治理区生活垃圾问题，保障人居环境，防范农业和水环境污染等问题为导向，以切实解决红杉村垃圾处理中存在的问题和目前垃圾处理方式的不当对于农业和水环境的污染为目标，通过合理规划，布设满足需求的垃圾处理设施，来保障人居环境和当地生态环境和谐发展。

垃圾处理设施建设方案包括增设 3 处垃圾收集池，方便人口集中区域丢弃垃圾；新增 1

套垃圾处理设备，并安排专人负责后期垃圾清理与运送、设备维护运维，确保设施设备能长期稳定运行；不定期展开垃圾定点投放、分类处理宣传，张贴垃圾处理与收集标语标志。

3 处垃圾收集池分别位于 A、B、C 区，均为永久垃圾坑或垃圾池。垃圾处理设备选用 YFS-30X 型焚烧炉，由燃烧室和二次燃烧室组成。适合焚化的垃圾有生活垃圾、动物尸体、废气废液等；焚化物的混合热值约 2800Kcal/kg 以下；炉体型式为卧式/圆筒立式；设备处理量为 50～100kg/小时；点火方式为自动点火；辅助燃料为柴油和天然气；炉内采用负压设计，不逆火，－3～－10mm H_2O 柱。垃圾分类和生活垃圾处理方式推广标语与阳鄂村垃圾实施方案相同。

除以上实体建设外，还组织村民实施了乡村清洁工程，即清洁家园、清洁水源、清洁田园。做到小流域无垃圾堆放、无污水横流、无杂物挡道，日常生产生活物品堆放规范有序，主次干道两侧环境干净。各村垃圾统一规划若干个垃圾堆放点，推行垃圾就地分类和资源回收利用模式，交通便利且转运距离不远的村庄，可采取“户分类、村收集、乡转运、区处理”方式处置；交通不便或转运距离较远的村庄，建设简易垃圾填埋场或就近分散处置。加强农村家庭宅院、村庄公共空间整治，清理乱堆乱放，拆除违章建筑，规范农业生产废弃物回收利用，做好畜禽粪便无害化处理。

（3）水资源保护空间管控

借鉴中国在河湖保护、水域岸线空间管控等方面的相关经验，根据可持续发展水资源保护的需求，对红杉村安置点区域开展了空间范围划界工作，形成红杉村水资源保护空间管控分区“一张图”。根据示范区的自然地理条件和社会人口经济情况，参照中国水资源空间管控经验，将示范区分为水资源涵养保护区、水资源适宜开发区、水资源限制开发区、水资源战略储备区四类。见图 6.3-4。

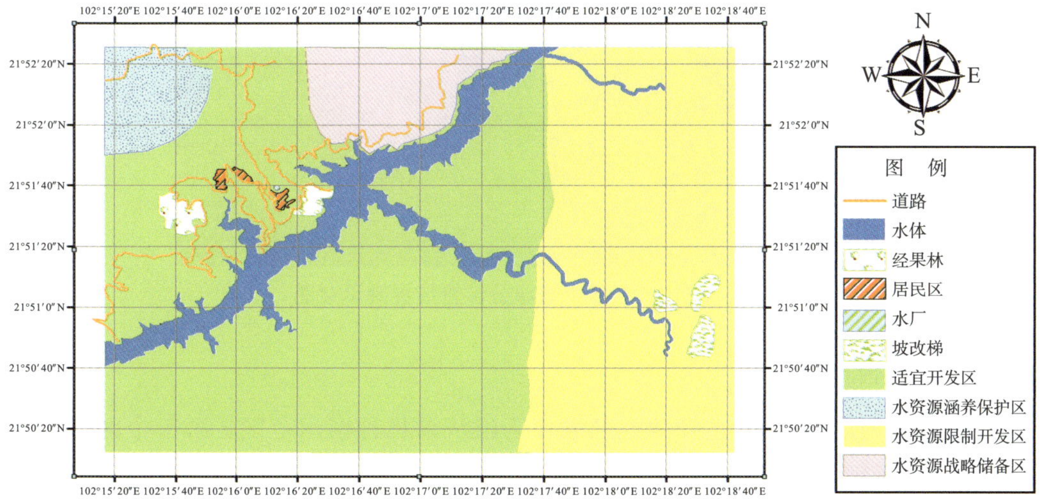

图 6.3-4　红杉区水资源分区管控示意图

水资源涵养保护区要以自然修复为主、减少人为干扰，制定严格的水源涵养保护措施，除人类生存必须保障的活动外(取水),尽量减少对水资源的开发和扰动。水资源涵养保护区以划定界限,减少居民扰动为主,不再另行开发建设。

水资源较为丰富,开发利用程度较低,符合主体功能区划中的重点开发的区域划定为水资源适宜开发区。水资源适宜开发区要根据水资源的特点,以建设经果林和适当农耕为主。

水资源开发利用程度适中或区域用水量接近用水总量控制指标,能够基本满足生活、生产和基本生态用水,但水资源利用空间有限的区域可划定为水资源限制开发区。水资源限制开发区要严格管理用水总量、严控增量,优化调整用水方式和结构。在水资源限制开发区构建坡耕地,将红杉村的山丘与山丘种植区列为水源限制开发区,在区内实施坡改梯示范工程。

考虑到未来经济社会高质量发展的需求、应急保障需求等,将水资源较为丰沛,水资源开发利用程度较低或目前不具备开发条件的地区,划定为水资源战略储区,作为跨流域跨区域调水工程实施及预防区域重大供水安全风险的储备水量区。红杉村居民点位于红溪与丰溪之间,红溪与丰溪实际为冲沟形成,考虑到人口数量、用水需求度和当前开发程度,将红杉村居民点的上游东北方区域设为水资源战略储备区。

此外,为了保障红杉村水资源合理、可持续利用,在各区设置界桩标示。一方面发挥标示的警示作用,有利于社会和群众对水资源合理利用进行监督和举报。同时也为水资源管理工作提供了明显的管理标志。界桩的位置如图 6.3-5 所示。

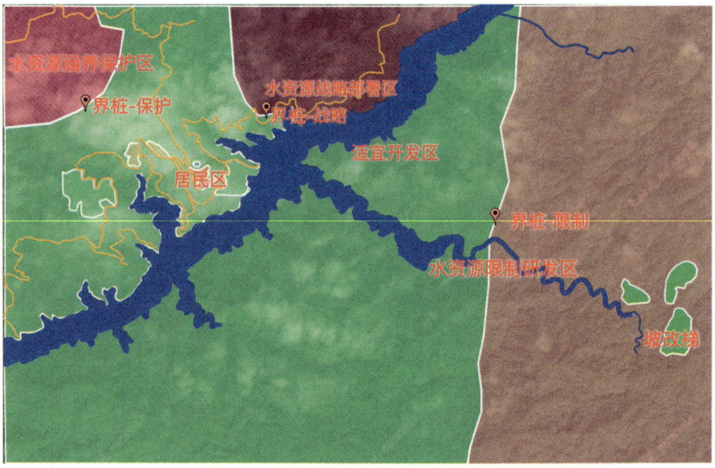

图 6.3-5 红杉区水资源分区管控界碑示意图

(4)经果林种植方案

结合红杉村村委会需求,选择两处区域作为经济果林种植示范区。第 1 个区域位于村码头以上至 12 组镇,面积合计 3 公顷。第 2 个区域位于沿瓦代旧村路边至蒙溪和丰溪之间,面积合计 3 公顷。具体位置如图 6.3-6 所示。经果林的树木种植品种与阳鄂村相同。

图 6.3-6　经果林选址处

6.4　示范区综合治理成效

6.4.1　成效分析

示范区建设遵循绿色可持续发展理念，以老挝南乌河支流南里河的阳鄂村和南瓦河红杉村为对象，提出了改善民生、修复生态、治理环境、防御自然灾害的小流域综合治理与水资源保护与绿色发展思路，实施了饮用水水源净化、垃圾收集处理、水土流失防治、山洪灾害防御、经果林种植及移交等综合治理及绿色发展项目。阳鄂村建设成效见图 6.4-1 和图 6.4-2。

图 6.4-1　阳鄂村饮用水水源净化工程、垃圾处理池、坡改梯工程、谷坊主体工程

图 6.4-2　南里河雨量墒情站、水文监测站

6.4.2　效益分析

(1)经济效益

《老挝典型小流域综合治理方案》是提升南里河阳鄂村和南瓦河红杉村综合治理水平、改善居民生产环境的重要基础。开展阳鄂村、红杉村示范建设，可改善阳鄂村和红杉村的民生环境，促进当地经济社会可持续发展。在阳鄂村建设了3个垃圾处理站、安装了1套自动净水处理设备，实施了坡改梯、水保林、面蚀沟蚀治理等水土保持工程措施；在红杉村优化了供水管线，建设了3个垃圾处理站、安装了1套垃圾处理设备，进行水资源空间管控分区，实施了坡改梯、水保林等水土保持工程措施。示范区综合治理有效改善了村落人居环境，极大提升了当地居民生产和生活条件，有效改善了示范区域水土流失现状。在示范建设过程中，传播了联合国可持续发展理念及中国绿色发展等先进理念，同时通过种植经济果树林，引导当地居民生产方式向绿色发展转变，经济效益明显，为提高当地居民生产、生活水平提供了良好支撑。

(2)社会效益

南里河阳鄂村综合治理和南瓦河红杉村综合治理是提升小流域治理水平、维护社区安全稳定、促进社会长治久安的重要手段。通过本项目的实施可减轻两个示范村落的水旱灾害威胁，并改善民生，促进当地经济社会可持续发展，有效增强了我国与老挝自然资源与环境部及勃拉邦省和丰沙里省的项目合作，并切实响应了当地人居生态环境改善及山洪灾害防御等需求，促进和保障了我国与老挝的睦邻友好关系。此外，也将“水资源保护与绿色发展”等环境治理与改善的先进理念带进老挝，通过实施坡改梯、水保林工程、谷坊工程等，安装自动净水处理设备、山洪预警与防御设备和垃圾处理设备，将我国供水、山洪管理、环境保护等技术带进老挝，为推动与老挝的务实合作提供了良好支撑，社会效益明显。

（3）生态效益

南里河小流域综合治理和南瓦河小流域综合治理是修复生态环境、防治水土流失、提升生态治理水平的重要途径。通过改善两个示范区的人居环境，可避免示范区生活垃圾对环境的污染；通过改善坡改梯、水保林、面蚀沟蚀治理等水土保持工程，有效改善了当地水土流失状况，促进当地生态环境修复，生态效益明显。

（4）可持续影响分析

为了提高与老挝的水利工作合作水平，拓宽合作广度和深度，加强项目的影响力和民众知晓度，项目组举办了“澜湄国家典型小流域综合治理示范（二期）”开工仪式，作为中老建交60 周年暨中老友好年庆祝活动之一，有效扩大了项目影响；项目组通过承办第二届澜湄水资源合作论坛分会 3“水资源保护与绿色发展”，向澜湄六国及全球水伙伴组织、湄委会秘书处等国际组织的专家汇报小流域综合治理的成果及经验，并进行了深度交流研讨，有利于推广我国先进的小流域综合治理理念与技术。此外，项目开工仪式及项目一期示范建设成效还获得老挝丰沙里省电视台、澜湄合作中国秘书处、中国水利报、澜湄水资源合作信息共享平台等多途径报道，进一步深化了项目的可持续影响力，促进项目成果在老挝等澜湄国家的推广辐射。

6.5　示范区综合治理经验

通过示范区小流域综合治理，提炼了一套适宜于澜湄国家的“以外方需求为切入、以中方技术为基础、以中资企业境外建设为抓手”的全过程组织实施模式。项目组还组织及参与了一系列讲好中国故事、贡献中国智慧的水资源保护与绿色发展宣传活动。

6.5.1　组织实施模式

（1）共同梳理需求

以老挝需求为切入点，中老共同确立小流域综合治理示范村落。示范村落的选取，充分听取了老挝丰沙里省县村三级政府代表及丰沙里省能源与矿产厅等部门的意见，由中老双方共同确立示范村落，充分响应了老方诉求。

一、二期项目示范村落的共性问题体现在：①村民均多为少数民族，文化程度较低，发展理念较落后；②均采用烧山耕种旱稻、玉米的种植方式，种植区域多为树林坡地，缺乏水资源保护理念；③随意丢弃生活垃圾，居民生活环境存在污染隐患。

(2)差异化定制方案

以中方技术为基础，因地制宜地制定差异化的示范建设方案。基于村落水源条件不同、移民村基础建设条件不同等因素，一期项目侧重基础建设，二期项目关注提质增效，在水资源保护利用方面有所侧重。项目组编制了《老挝典型小流域综合治理方案(一期)》和《老挝典型小流域综合治理方案(二期)》报告，示范建设任务方案均获得老方认可。

(3)整合有利力量

以中资企业境外建设力量为抓手，紧抓示范建设进度。示范村落建设过程，项目组克服疫情线上线下联动，与老方政府部门保持密切联系，借助中资企业境外施工力量，联合老方当地民众，紧抓示范工程建设进度，充分体现了合作示范效果，图 6.5-1 展现了示范建设期间项目组与老挝政府和中资企业合作情况。

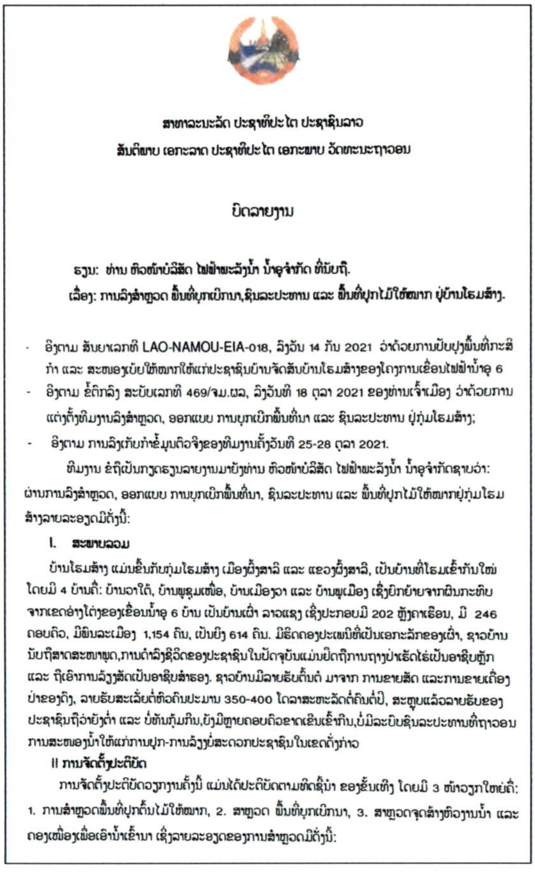

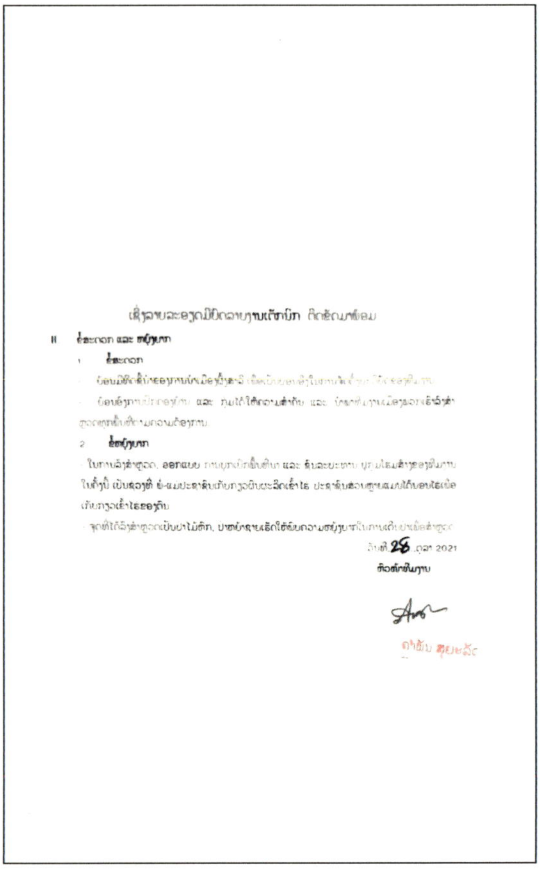

图6.5-1　老挝丰沙里县政府对红杉村综合治理工作的监督反馈报告(上),丰沙里县县长在红杉村建设现场指导工作(下左),丰沙里县进场开工仪式(下右)

6.5.2　重视成效宣传

(1)积极参加政府及相关组织高层对话会议

2020年1月,项目组参加了"澜湄合作流域综合规划管理研讨会"(图6.5-2),与澜湄六国及全球水伙伴组织、湄委会秘书处、国际水管理院、亚洲水理事会、世界银行等专家,就中方在小流域综合治理的成果及经验进行了交流,展示了中方成熟技术惠及湄公河国家的案例。2020年5月,项目组参加了"澜湄六国水资源合作联合工作组视频会议"(图6.5-3),项目获得了中老双方共同认可,有效扩大了项目的可持续影响力。

(2)承办第二届澜湄水资源合作论坛分会

2021年12月8日,长江科学院联合缅甸自然资源与环境保护部共同举办了第二届澜湄水资源合作论坛第三分会"水资源保护与绿色发展"。来自柬埔寨、中国、老挝、缅甸、泰国和越南等国家的政府官员、研究人员、特邀专家共计60余人参加了分会,线下参会代表合影见图6.5-4。

图6.5-2　澜湄合作流域综合规划管理研讨会

长科院派员参加六国澜湄水资源合作联合工作组会议

［稿件来源：水资源所 作者：林玉茹 审稿人：许继军 发布时间：2020-6-28］

5月21日，长科院水资源所作为澜湄2020专项基金“澜湄国家小流域综合治理示范（一期）”项目的牵头承担单位，参加了澜湄水资源合作联合工作组视频会议。本次会议由中方倡议，澜湄水资源合作联合工作组中方组长、水利部国际合作与科技司一级巡视员于兴军主持会议，联合工作组柬埔寨、老挝、缅甸、泰国、越南组长、澜湄水资源合作中心仲勇主任及湄公河委员会秘书处首席执行官周云亮作为会议观察员应邀出席。外交部亚洲司、边界与海洋事务司、水利部国科司、水规总院、水科院、南科院、长科院、中水北方公司以及湄公河五国有关部门共50余名代表克服疫情阻碍参加了本次视频会议。来自我院水资源所、土保所、空间所的相关技术骨干也共同参会。

水资源所许继军所长代表本专项基金项目组，就项目目标、示范区域选点、主要工作内容、执行计划及需与老方协作等方面进行了阐述，为项目克服疫情困难，按计划推进并获得老方支持提供了有效的沟通。与此同时，六国工作组就加强项目协作、信息共享、重大活动设计，以及举办联合工作组第四次会议等议题深入交换意见，达成了广泛共识。六方一致表示将加强在澜湄合作专项基金水资源项目实施和申报过程中的沟通协作，同意建设澜湄水资源合作信息共享平台，并就第二届澜湄水资源合作部长级会议和第二届澜湄水资源合作论坛筹备工作交换了意见。

通过本次会议，各项目参与方一致认为，新型冠状病毒肺炎疫情绝不会影响六国进一步加强澜湄水资源合作的信心和决心，各项目组将继续团结一致、共克时艰，在全力抗击疫情的同时，尽全力保质保量的完成澜湄专项基金项目顺利执行。

图 6.5-3 示范建设项目组参加澜湄六国水资源合作联合工作组视频会议

图 6.5-4 第二届澜湄水资源合作论坛线下参会代表合影

分会作为澜湄合作启动五周年系列庆祝活动之一，旨在落实澜湄合作第三次领导人会议精神、澜湄合作系列外长会议精神与《澜湄水资源合作五年行动计划》，分享澜湄水资源保护和绿色发展合作成果和经验，探讨相关挑战和应对方法，交流国际合作经验，凝聚澜湄流域水资源保护与利用的共识。分会的成功举办，为项目组未来在澜湄各国持续推动小流域综合治理项目，奠定了良好合作基础。

项目组通过本次论坛，积极宣传了“澜湄国家典型小流域综合治理”项目成果，与缅甸等五国工作组成员及专家建立了良好的沟通渠道，拓宽了未来水利合作的广度和深度。

（3）举办中老建交 60 周年暨中老友好年庆祝活动

2021 年 9 月，“澜湄国家典型小流域综合治理示范（二期）”线上项目开工仪式在老挝丰沙里县、中国武汉和北京三地成功举办。来自中国水利部、中国驻琅勃拉邦总领馆、长江水利委员会、澜湄水资源合作中心、长江水利委员会长江科学院、中国电力建设集团南乌河流域有限公司的老挝丰沙里省政府、丰沙里省能源矿产厅、丰沙里省农业厅、丰沙里县政府以及红杉村村民等代表出席了此次开工仪式。

作为中老建交 60 周年暨中老友好年庆祝活动之一，该项目开工仪式克服疫情困难如期举行，也是对中老水资源合作同舟共济、携手共进的生动诠释。为扩大本项目影响、推广中国水利技术和经验，进一步提高我国与老挝的水利技术交流与合作水平提供了良好平台，为拓宽合作广度和深度、显著深化项目可持续影响力提供了有效助力，为促进项目成果在老挝等澜湄国家的推广辐射提供了有力支持，开工仪式有关情况见图 6.5-5。

图 6.5-5　澜湄国家典型小流域综合治理示范（二期）线上项目开工仪式主会场宣传板（上），中方开工仪式现场（下左）和 老方开工剪彩现场（下右）

(4)与主流媒体合作宣传项目成果

示范工程建设成果获得老挝人民报、万象时报、丰沙里省电视台、澜湄合作中国秘书处、中国水利报、澜湄水资源合作信息共享平台等多家主流媒体的报道,项目成果是“澜湄合作启动五周年暨2021年澜湄周”等重要活动的重要宣传内容,详见图6.5-6。

老挝人民报报道

Vientiane Times

LAO PRESS

Irrigation scheme begins providing water to improve crop yields in Phongsaly

An irrigation scheme funded by Phase 2 of the Lancang-Mekong Cooperation Project has begun supplying water to boost crop yields for farming communities in Phongsaly province.

Provincial authorities and PowerChina, the project contractor, which established the Lancang-Mekong Cooperation Project, and the Homsang Village Committee gathered at Homsang village to launch the irrigation scheme.

The ceremony, which took place at the reservoir of the Level 6 Hydropower Station on the Ou River, marked the official opening of the Lancang-Mekong Cooperation Project's second phase in the Nam Ou River Basin.

The Lancang-Mekong Cooperation Phase 2 project is the second project where PowerChina has implemented practical Lancang-Mekong cooperation in the Nam Ou River Basin in Laos.

The Governor of Phongsaly province reviews the progress of work at the groundbreaking ceremony.

The project is located in Phongsaly province and is mainly focused on the new settlement villages of the Nam Ou 6th cascade hydropower plant and villages surrounding the hydropower plant. Implementation of the project can effectively publicise the concept of green development and protection of water resources.

This will promote comprehensive technical exchanges, cooperation and experience-sharing for water resources management and small-scale watershed management in Lancang-Mekong countries.

It will also help to promote the protection of water resources, and the economic and ecological environment of small river basins in Mekong countries.

Green and sustainable development is of great significance.

In September 2021, an online launch took place for a comprehensive (Phase II) demonstration of a small-scale water source in Lancang-Mekong. The Consul General of the Chinese Consulate in Luang Prabang province, Li Zhigong, and a representative of the Department of International Cooperation and Science and Technology of the Ministry of Water Resources of the People's Republic of China delivered speeches.

Addressing the groundbreaking ceremony of the project, Phongsaly province's Governor expressed heartfelt thanks to the Nam Ou River Basin Hydropower Company and all parties involved in the Lancang-Mekong Cooperation Project Phase 2, which provided great support through special funding and guidance to make the "Rice Dream" of Homsang village in Phongsaly come true.

老挝丰沙里省电视台新闻报道

万象时报报道和丰沙里省电视台滚动新闻报道

专题

提质升级　走深走实

2020

务实合作项目（中方牵头）

综合

“十六字”治水思路是推动新阶段水利高质量发展的根本遵循

中老合作开展「澜湄国家典型小流域综合治理示范」系列项目

攻坚“三水”清障治理　保障南水北调输水安全

2020 年 8 月、2021 年 10 月中国水利报报道

图 6.5-6　主流媒体报道

第 7 章　水资源及生态环境保护规划示范

CHAPTER 7

良好的生态环境是实现可持续发展的基础和前提。为推动缅甸、柬埔寨和老挝，科学利用澜湄流域的优势资源，促进经济社会全面可持续发展，在澜湄水资源合作机制下，在老挝南乌河、南屯河流域，柬埔寨和缅甸粮食主产区开展了水资源及生态环境保护规划示范，以期为相关国家水资源和生态环境保护提供支撑。水资源及生态环境保护是其中一项重要内容。

7.1　老挝南乌河流域水资源及生态保护规划示范

7.1.1　南乌河流域生态环境概况

南乌河发源于中国云南省江城县与老挝丰沙里省接壤的边境山脉一带，流域以北与中国云南省境内李仙江相邻，以西接澜沧江支流南班河和南腊河流域。南乌河流域是老挝 12 个主要流域之一，是湄公河左岸老挝境内最大支流，约占老挝全国面积的十分之一。

(1)水系特征

南乌河流域面积为 2.6 万 km^2，涉及老挝、越南两个国家，西边面积 2.47 万 km^2，在老挝境内，中东部面积约 0.13 万 km^2，在越南境内。南乌河流域水资源丰富，多年平均降雨量约 1610mm，多年平均地表水资源量为 160.7 亿 m^3，多年平均地下水补给量为 43 亿 m^3。

南乌河为湄公河的一级支流，流域形状大致呈上窄下宽的梯形，分水岭高程大都在 1300～1800m 之间，由北向南逐渐降低。流域水系发达，主要支流有 11 条，其中南棱河(Nam Leng)、南坝河(Nam Bak)和南帕河(Nam Phak)及其支流为流域社会经济发展的主要水源。流域径流主要由降雨补给，径流年内分配较均匀，丰水期(6—11 月)径流占年径流量的 83.6%，枯水期(12 月至次年 5 月)径流占年径流量的 16.4%，最枯段(2—4 月)仅占年径流量的 6.1%。

(2)地表水环境质量

湄公河委员会在南乌河设有水质监测站 1 个，该站自 1985 年以来的水质监测结果表明，南乌河水质较好，干流水质没有呈现出明显的突变趋势，但总体有下降趋势。南乌河的水生健康状况较好，年均变化较小，总氮和总磷含量相对较低，pH平均值基本稳定在7.4～7.9，溶解氧含量(DO)平均值稳定在6.58～7.92mg/L。

(3)地下水环境质量

南乌河流域内几乎没有关于地下水水质方面的专门研究，有报告《南乌河流域概况》[《Nam Ou River Basin Profile(First Draft for internal discussion only)》]记录，在南乌河左岸6～7级水电站之间的水坝站点出露了一个泉点，通过基线监测取得了少量水质数据。根据老挝饮用水质量指南评价标准，该泉点反映的地下水水质总体较差，盐度(EC)、砷、总硬度、粪大肠菌群浓度均超过饮用水质量指标。根据中国规范《地下水质量标准》(DZ/T 0290—2015)，该泉点的砷浓度和粪便大肠杆菌均严重超标，为Ⅴ类水。由于样本数量过小，此泉点的水质检测结果不能代表南乌河流域地下水水质。

(4)自然资源与生态环境

南乌河流域土地利用类型以林地(包括灌木丛)为主，林地均匀分布于整个流域，约占总面积的88%；其次是农业用地，主要分布于流域内山谷平原及周边缓坡山地区域，约占南乌河流域面积的9.3%；其余土地类型为草地、水域、城镇用地等。

南乌河流域的旅游景点主要集中在琅勃拉邦省和丰沙里省。其中琅勃拉邦省是老挝著名的古都和佛教中心，也是老挝上寮重镇。旅游以南乌河流域南部的琅勃拉邦县最为著名，全县有679座有保存价值的古老建筑物，1995年12月被联合国教科文组织列入世界历史遗产名录。丰沙里省旅游以山地部落徒步游著名，尤其是丛林徒步。

与东盟地区其他国家相比较，老挝的生态环境状况良好，自然资源和生物种类丰富，森林资源分布广泛，尤其在南乌河流域，森林覆盖率高达88%，远高于全国的平均水平。近些年，老挝政府逐步加强森林保护，逐步控制山区刀耕火种的范围，控制分散化伐木，恢复天然森林和植树造林。同时建设国家级森林保护区和省级森林保护区，限制大型工程建设。若工程项目的必要性显著，可向老挝农业与森林部、自然资源与环境部申请。

(5)主要生态环境问题

南乌河流域城市污水处理工程或城市污水处理厂较为缺乏，干、支流采砂活动较为频繁，监督机制较为薄弱，污水排放管理不够完善，总体水质有所下降。水电站等拦河建筑物的建设和运行，使水生生境遭到一定程度破坏，南乌河下游河段水生环境状况相对较差。饮用水水源受到人类活动的影响较小，质量总体较好，但随着人口的快速增长、经济的发展以及城市化的压力不断加大，饮水安全保障能力急需提高。流域水资源监测能力不足，保护管理水平相对落后。水土流失面积达到3441.3km^2，水土流失强度在强烈以上的面积占总流失面积的23.31%，村庄周围对零碎地的疏于管理和使用不当不仅影响居住环境，而且是造成水土流失和面源污染的主要来源。

7.1.2 保护布局

统筹考虑经济社会发展对水资源可持续利用的要求，以流域为整体，河系为单元，重点保护干支流源头和水源地，梯级电站建设河段和重要支流坚持开发利用与保护兼顾，河口重点加强生态敏感区修复。

强化干支流源头、森林保护区、水源保护区等水生态环境保护与修复，加强环境监测，维护良好水生态环境，保障水资源可持续利用。重点保护老挝政府设立的国家级森林保护区，干支流源头水源涵养区以及重要城镇水源地。

加强重点城镇水污染防治，主要开展流域内丰沙里省、琅勃拉邦省主要城镇生活和工业污水收集和处理，建设城市污水处理厂，加强主要灌区农业面源污染防治，在主要城市河段建设水质监测站网。加强梯级电站生态环境保护与修复，加强电站调度管理，保障下游河段生态需水要求。

加强南乌河干流孟威镇以下河段水生态修复，对水资源问题、生态问题进行综合整治与保护，重点保护濒临灭绝鱼类产卵区等，保障流域生态系统良性循环和水资源可持续利用。

7.1.3 保护措施与建议

(1)加强饮用水水源地保护

为防止饮用水水源地污染、保证水源水质，划定饮用水水源保护区，对保护区内的水域和陆域加以特殊保护。将饮用水水源划分为两个保护区域，一个是以取水口(井)为中心，为防止人为活动对取水口的直接污染，确保取水口水质安全而划定需加以严格限制的核心区域；另一个是在核心区域外，为防止污染源对饮用水水源水质的直接影响，保证饮用水水源核心区域水质而划定，需加以严格控制的重点区域。在重要城镇饮用水水源划定饮用水水源保护区，水源保护区划定后应由政府部门批准并公布实施，确保饮用水安全。

在饮用水水源保护区内推广生活污水的生态治理和污水回用技术，实施水土流失治理、推行农田最佳养分管理、加大农村生活垃圾处理等污染源控制措施，以及建设物理隔离(如护栏、围网等)、生物隔离(如防护林)、生态滚水堰、前置库等生态修复工程对饮用水水源地进行保护。

加强饮用水水源地保护相关立法，明确水源保护区保护要求。地方政府应当根据保护饮用水水源的实际需要，制定保障饮用水水源安全的法规，并明确各饮用水水源保护区保护方案，确保饮用水安全。单一水源供水城镇应当建设应急水源或者备用水源。地方政府应当合理安排、布局农村饮用水水源，因地制宜发展集中供水。

(2)加强水污染防治

地方政府应统筹规划和建设城镇污水集中处理设施及配套管网，提高本行政区域城镇污水的收集率和处理率。环境保护主管部门应当对城镇污水集中处理设施的出水水质和水量进行监测和检查。并建立形成的惩罚机制和公众参与的监督机制。政府部门应广泛宣传，加强民众保护环境观念，鼓励良好的生活习惯。

合理规划工业布局，提高污水处理率和中水重复利用率，减少废水和污染物排放量。工业废水排放企业应当采取有效措施,收集和处理其产生的全部废水,减少对环境的污染。政府部门应鼓励支持发展新技术、新工艺,减少污染物质的产生,对严重污染水环境的落后工艺和设备实行淘汰制度。新建的企业应该严格开展环境影响评估,对高污染企业的选址应当慎重,并对其加强管控。

加强固体废弃物的收集和处理,建立生活垃圾收集处理系统,扭转农村和社区生活环境恶化的局面。加快转变农业经济增长方式,农业生产结构调整,充分利用现代农业科学技术,指导生态农业、绿色农业、有机食品的标准化种植和农产品质量安全保障及动物疫病防治,大力推进现代化农业发展进程。采取集中饲养、集中排放、制作农家肥、化粪为沼等途径减少畜禽养殖的N、P污染物排放,以减少畜禽养殖规模扩大对水质的不良影响。

(3)加强水资源保护管理

当前老挝的水质质量标准体系尚不完善,结合老挝国家的国情和水资源保护现状,在已有工作基础上,应完善水资源保护等相关法律法规,推动老挝国家及地方水资源保护相关法规的制定。

在逐步完善常规水质监测的基础上,增强对突发性水污染事故的预警、预报和处理能力,并强化地方水资源保护机构的能力,建立专门的水资源保护管理机构,加强有关法规的学习和人员培训。加强有关水资源保护的法规宣传和行政执法监督宣传,使全社会形成对水污染防治和水资源保护的舆论监督,使社会公众关心、认同并积极支持水资源保护工作,创造良好的水资源保护社会氛围。

(4)开展分区分类管理

当前,老挝国家水资源管理水平较弱,为满足水资源合理开发利用和保护管理的需求,以实现水资源的可持续利用,应对南乌河干流和主要支流实行分区分类管控,即将某一水域具体划分为保护区、缓冲区、开发利用区、过渡区四个不同功能类型的河段,用来指导、约束水资源开发利用和保护的实践活动,保证水资源的开发利用,发挥其最佳的社会、经济和环境效益。

保护区:南乌河流域保护区划为6大片区和若干较小分散的支流保护区,以及城镇饮用水水源地。6大片区中3个属于重要国家自然保护区,剩余3个片区主要是目前人为影响较少的支流河源区。缓冲区:南乌河流域缓冲有2个,一个是支流南诺河(Nam Noua),另外一个是南诺河(Nam Noua)孟迈(Meuang May)镇以下至南乌河汇口河段以及该汇口上下10km区域(南乌河干流)。开发利用区:南乌河流域水资源开发利用区主要考虑了当前的用水需求和相关规划,共划分为15大片区。主要分布在城镇周边区域、农业灌区以及干流水电开发区。保留区:南乌河流域保留区划为6大片区,主要为支流水资源较为丰富的区域,或城镇与南乌河干流之间的具有潜在开发需求和条件的河段。

(5)加强水资源保护能力建设

加强法规建设,建立和完善水资源保护管理法规体系;加强流域内供水水源地保护管理等。根据水资源保护工作需要,监测内容由单一的常规水质监测项目转变为以常规项目为基础,并开展监测实验室、移动实验室和监测站网建设等。加强应急响应能力建设,流域内各级政府应根据水资源条件,制定城市饮用水安全保障的应急预案;成立应急指挥机构,建立技术、物资和人员保障系统;落实重大事件的值班、报告、处理制度,形成有效的预警和应急救援机制。加强河流水质监测技术和指标体系相关研究,建立水环境信息管理系统;加强河流湖泊生态需水、水生态修复以及已建干支流水库生态调度等水资源保护科研工作,为实现流域水资源保护提供技术支撑。

7.2 老挝南屯河流域水资源及生态保护规划示范

7.2.1 南屯河流域生态环境概况

南屯河位于老挝中寮地区,是老挝境内湄公河 12 条一级支流中的第五大河流,发源于富良山脉鸿岭附近,由北往南有多条平行支流,于巴卡丁县(Pak Kading)汇入湄公河。

(1)水系特征

南屯河按上下游可分为两段,上游位于甘蒙省境内被称为南屯河(Nam Theun),中部和下游位于波里坎赛省境内被称为南卡丁河(Nam Kading),后文统称南屯河。南屯河流域面积为 1.48 万 km^2,约占老挝国土总面积的 1/16,干流全长 353km,大部分位于波里坎赛省境内,天然落差约 1053m,平均比降约 3‰,多年平均径流量 152.7 亿 m^3。

南屯河有 11 条主要支流,流域面积超过 1000km^2 的支流有 3 条,其中最大的是南曼河(Nam Mouan),流域面积 4252km^2,干流长度 131km,总落差 1213 m,年径流量 44.41 亿 m^3;第二和第三分别是南黄河(Nam Gnouang)和南保河(Nam Phao),流域面积分别为 2877km^2 和 1145km^2。主要支流特性见表 7.2-1。

表 7.2-1　南屯河主要支流特性表(流域面积 1000km^2 以上)

序号	河流名称	流域面积/km^2	河流长度/km	年径流量/亿 m^3
1	南曼河(Nam Mouan)	4252	131	44.41
2	南黄河(Nam Gnouang)	2877	146	24.07
3	南保河(Nam Phao)	1145	74	7.74

(2)地表水环境质量

南屯河流域内主要有甘蒙省、波里坎赛省和川圹省,三省城镇人口较少,分别为 1814 人、35765 人和 840 人。甘蒙省、波里坎赛省和川圹省城镇生活用水定额分别为 163、185、125 L/(人·天),三省城镇废污水总量约为 180 万 t/a。流域内基本没有城镇污水处理厂,城镇废污水直排河流水系,对水体水质造成一定影响。总体上,城镇居民生活废污水对水质影响较小。

南屯河流域内工业企业较少，仅有几家饮用水加工厂，水源多为地下水。地下水经过加工处理后产生的废污水直排河流有导致水体硬度增加的风险。波里坎赛省凯克县内存在一个面积约460km^{2}的金矿，采矿业对下游南保河（Nam Phao）水体水质有一定影响。总体上，流域内工业废污水对水质影响较小。

农业是老挝的主要产业，南屯河流域农业种植以水稻、橡胶树等粮食作物为主。农业种植方式比较原始，多采用砍伐森林、烧山后进行农业种植的方式；流域内有几个小型灌区，农药化肥使用量较少，因此农业面源污染对南屯河流域水质污染贡献较小。

根据南屯河干支流2015—2018年的水质监测结果，流域内绝大多数河段水质良好，部分河段部分时段存在溶解氧、氨氮、总磷等超标现象，且大多数水质指标雨季和枯季变化较大。

（3）自然资源与生态环境

南屯河流域水资源丰富，多年平均水资源量为152.7亿m^3，人均水资源量10.4万m^3，是世界平均水平的12倍。流域水能资源理论蕴藏量约3345MW，在老挝境内湄公河支流中排名第二，约占全国的13.4%。

流域生态环境状况良好，自然资源和生物种类丰富，森林资源分布广泛，流域内森林覆盖率约为89%，森林区生物多样性丰富。流域内共有3个国家级自然保护区和3个省级自然保护区（见图7.2-1）。森林能出产许多珍贵木材及其附加产品，如紫檀、柚木、红木、安息香、打玛树脂、虫胶、葛藤、砂仁、茴香、花梨木、胖大海、紫胶、松木等。森林里还生活着老挝特有的国家级保护动物中南大羚和珍稀物种老挝岩鼠；南凯高原有至少5种濒临灭绝的鸟类和12种濒临灭绝的哺乳动物，另有38种鸟类和哺乳动物存在轻微损害的风险；此外，流域内的南卡丁国家保护区内还发现了22个其他重要物种。1993年，屯辛博恩水电项目环境调查时在南卡丁调查到102种鱼类。

（4）主要生态环境问题

南屯河流域主要城镇基本没有污水处理系统，废污水直排河流水系。城镇饮用水、地表水水源水质一般，农村居民饮用地下水水源水质较差，地下水开采严重，饮水安全保障有待提高；水资源保护管理水平不够完善，监测能力不足。采矿对周边生态环境影响较大，导致部分河流下游水体汞等水质指标超标。

随着南屯2号、南屯1号水电站等拦河建筑物建设运行，水生生境遭受破坏，且梯级建设运行下泄生态流量较小，不足坝址多年平均流量的5%，生态环境问题突出，南屯河下游河段水生环境状况相对较差。

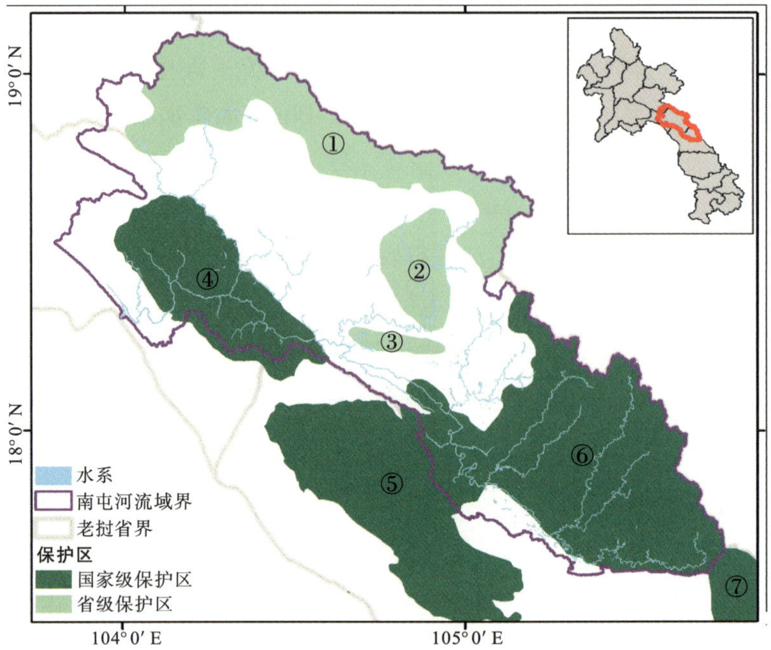

①南查（Nam Chan）/南盘（Nam Pan）河保护区　②普卡蓬（Pou Kadoung）保护区
③帕冠仓（Pha Kouanchan）保护区　④南卡丁（Nam Kading）保护区
⑤普欣普旺（Phou Hin Phoun）保护区　⑥南屯河那开（Nakai Nam Theun）保护区
⑦欣那木诺（Hin Namnor）保护区

图 7.2-1　南屯河流域自然保护区分布图

7.2.2　保护布局

统筹考虑经济社会发展对水资源可持续利用的要求，以流域为整体，河系为单元，重点保护干支流源头和水源地，梯级电站建设河段和重要支流应坚持开发利用与保护兼顾，河口重点加强水生态环境保护与修复。

南屯河上部区域(凯克县以上，甘蒙省)，重点保护南屯河那开(Nakai Nam Theun)国家级保护区等森林保护区，强化干支流源头水源涵养区以及南屯 2 号水库饮用水水源保护；加强南屯 2 号水库支流污染源治理及面源污染防治，严控水库发生富营养化风险；强化水生态环境保护与修复，加强南屯 2 号等水电站调度管理，保障下游河段生态需水要求；加强环境监测，维护良好水生态环境，保障水资源可持续利用。

南屯河中部区域(凯克县及其周边区域)建设污水处理厂，加强凯克县等城镇生活和工业污水收集和处理，加强尾矿库水污染防治及风险防范；加强凯克县等城镇自来水厂饮用水水源保护，在南屯河干流及南保河(Nam Phao)等河段建设水质监测站，保障饮用水水源水质安全；加强主要灌区农业面源污染防治，加强农业退水污染的防控。

南屯河下部区域(凯克县以下)，加强波里坎赛省维通县等城镇饮用水水源保护，保障城镇及农村居民饮用水水源水质安全；对水资源问题、生态问题进行综合整治与保护，遏制村庄地下水水位降低，加强南黄(Nam Gnouang)电站和南屯 1 号水电站等调度管理，保障下游河段生态需水要求；保护南卡丁(Nam Kading)国家级保护区等森林保护区，加强南屯河河口段水生态修复，保障流域生态系统良性循环和水资源可持续利用。

7.2.3　保护措施与建议

(1)加强饮用水水源地保护

划定凯克县、维通县等现有城镇饮用水水源保护区。新建的河道取水口和供水水库也需划定水源保护区。在凯克县、维通县、南屯 2 号水库等饮用水水源保护区周边实施物理隔离(如护栏、围网等)、生物隔离(如防护林)建设。加强生活污水的综合治理、水土流失治理，加大农村生活垃圾处理等污染源控制力度，在南屯 2 号等湖库型水源地设置前置库、湖库周边建设护岸林等生态隔离带综合整治措施，对饮用水水源地进行保护。

开展饮用水水源监测、预警和应急处置能力建设。地方政府合理安排、布局农村饮用水水源，开展地下水水位监测，逐步剔除农村供水工程中的超标地下水源，发展规模集中供水；加强地下水补给区与地下水水源的涵养与保护，提高地下水调蓄能力，提高地下水水源供水保障程度。单一水源供水城镇应建设应急水源或者备用水源。加强饮用水水源保护相关立法，明确水源保护区保护要求。地方政府根据保护饮用水水源的实际需要，制定保障甘蒙省、波里坎赛省、川圹省等饮用水水源安全的法规，并明确各饮用水水源保护区保护方案，确保饮用水安全。

(2)加强水污染防治

加强凯克县、维通县、巴卡丁县等城镇污水集中处理设施建设及其配套管网建设，提高本行政区域城镇污水的收集率和处理率，并对城镇污水集中处理设施的出水水质和水量进行监督检查。政府部门应加强水污染防治宣传，加强民众环境保护观念，鼓励公众参与水污染防治监督。

合理规划工业布局及提高污水处理率，提高水的重复利用率，减少废水和污染物排放量。重点加强对凯克县等采矿工业的治理，加强废污水排放的监督管理；制定尾矿库坍塌、渗漏、堆体滑坡等风险防范措施及应急预案，做好汛前专项检查，在尾矿库下游建设集水池和回水泵站，收集坝下渗水，并构筑排渗设施，控制沉积滩坡度和安全超高；加强尾矿库监测设施建设，建立人工监测与自动监测相结合的安全监测设施，及时掌握尾矿库运行状况及对周边环境的影响。政府部门应鼓励支持发展新技术、新工艺，减少污染物的产生，重点实施采矿业及凯克县、维通县等城镇饮用水加工厂等企业污染防治项目，改善地下水水质。新建企业严格开展环境影响评估，对于污染严重的产业慎重选址，并加强管控。加强入河排污口整治与优化，对新设排污口提出控制原则和要求。

加强污染源治理，减少面源污染。加强对固体废物的收集和处理，通过建立生活垃圾收集处理系统等措施，改变生活环境恶化局面。重点防治凯克县、维通县和卡定县等农业集中发展地区的面源污染，大力发展节水农业，削减农田径流，从源头和生产过程有效控制农业面源污染；加强水土流失治理及灌区退水污染综合管理，加强湖库支流面源防治及生态修复，防止灌溉退水导致南屯 2 号水库、南黄(Nam Gnouang)水库等湖库富营养化或水质恶化。采取集中饲养、集中排放、制作农家肥、化粪为沼等途径减少畜禽养殖的 N、P 排放，以减少因畜禽养殖规模扩大对水质的不良影响。

(3)生态流量保障

根据南屯河干流以及南曼河(Nam Mouan)、南保河(Nam Phao)等支流主要节点生态环境状况和 1980—2010 年水文系列资料，估算了南屯河流域主要节点生态流量，详见表 7.2-1。

表 7.2-1　　南屯河流域主要节点生态流量

河流	断面名称	生态基流/(m^3/s)
南屯河(Nam Theun)	南屯 2	13.7
南屯河(Nam Theun)	Khamkeut	17.5
南屯河(Nam Theun)	南屯 1	43.9
南曼河(Nam Mouan)	河口	14.0
南保河(Nam Phao)	Nam Sau 上游	0.67

加强南屯河干流以及南保河(Nam Phao)、南曼河(Nam Mouan)等支流上规划和已建水电站的生态流量管理，调整已建水库的运行方式，运用科学的调度技术和手段，实施梯级电站的统一调度，加强取用水管控，保障南屯 1 号、南屯 2 号及南黄(Nam Gnouang)水库等下游河段生态流量要求。统筹防洪、发电等水利工程建设与生态环境保护的关系，逐步建立蓄水工程生态下泄水量监控系统及预警机制，监督各蓄水工程下泄足够的生态流量，建立流域生态流量的监管措施和保障制度。

(4)加强生态环境保护

加强南屯河干支流生态流量管理及水生生态的监测与调查。河口区禁止非法或过度捕捞，保护特有鱼类。加强南屯河那开(Nakai Nam Theun)、南卡丁(Nam Kading)等国家级自然保护区的生态保护与恢复、强化水源涵养林建设。落实老挝相关法律法规要求，限制自然保护区内进行的开发活动，保持自然保护区内的原生生境。加强凯克县等尾矿库周边生态环境保护与修复，以草、灌木等为主进行植被修复。加强弄龙村(Nong long)等村庄地下水保护与修复，实施水量水质综合管理，合理开采地下水，科学控制地下水位。

(5)完善水资源保护管理

结合老挝国情和水资源保护现状，在已有工作基础上，完善水资源保护等相关法律法规，推动制定国家及地方水资源保护相关法规。国家和地方主要水环境立法部门和管理部门需加强协调，完善水质标准体系。完善水环境监测体系，强化监测站网和监测能力建设，监测内容由单一的常规水质监测转变为以常规监测为基础，并开展监测实验室、移动实验室和监测站网建设。在逐步完善常规水质监测的基础上，增强对突发性水污染事故的预警、预报和防范能力，特别是凯克县尾矿库预警监测与防范能力。逐步完善排污许可证等制度，污水排放许可证制度即任何企业排放污染物之前必须向当地水资源保护管理部门递交申请书，进行申报。加强科学研究，重视宣传和监督工作。

7.3 柬埔寨水资源及生态保护规划示范

7.3.1 柬埔寨生态环境现状

(1)水系特征

柬埔寨境内水系主要包括湄公河及其支流水系、独流入海水系，其中大部分为湄公河及其支流水系，湄公河在柬埔寨境内长约500km，流域面积约占柬埔寨国土面积的86%，独流入海水系仅分布在西南沿海地区、东南地区，西南沿海地区独流入海河流汇入泰国湾，东南地区独流入海河流注入越南后汇入中国南海。柬埔寨境内多年平均水资源总量为1324亿m^3，相应径流深约为732mm。

柬埔寨全国水资源分为3个一级区，即湄公河流域、沿海流域以及瓦伊科(Vaico)流域；分为6个二级区，即沿海流域群、3S流域群、湄公河上游流域群、洞里萨湖流域群、三角洲流域群和瓦伊科(Vaico)流域。除一级河流湄公河外，柬埔寨境内主要二级、三级河流有20多条，大部分河流均位于洞里萨湖流域群。流域面积5000km^2以上的河流有12条，各河流的长度、面积、年径流量、河道落差等主要参数表7.3-1所示。

表7.3-1　柬埔寨主要河流参数(流域面积5000km^2以上)

序号	河流名称	所属水资源分区	长度/km	控制面积/km^2	年均径流量/10^8m^3
1	塞桑河(Se San)	3S流域群	280	24692	364.9
2	斯端博河(Srepok)	3S流域群	201	12574	106.9
3	塞公河(Se Kong)	3S流域群	184	5135	550.8
4	洞里萨河(Tonle Sap)	洞里萨湖流域群	512	83800	498.8
5	波罗萨特河(Stung Pursat)	洞里萨湖流域群	219	5256	44.6
6	桑卡河(Stung Sangker)	洞里萨湖流域群	268	24998	93.9
7	蒙克波里河(Stung Mongkok Borey)	洞里萨湖流域群	300	11098	45.4
8	斯洛河(Stung Sreng)	洞里萨湖流域群	325	9516	21.3
9	森河(Stung Sen)	洞里萨湖流域群	518	16725	97.3
10	吉尼河(Stung Chinit)	洞里萨湖流域群	377	8938	55.3
11	普列策德河(Prek Thnot)	湄公河三角洲流域群	226	5535	42.1
12	普瑞隆河(Prek Chhlong)	湄公河三角洲流域群	300	5613	42.6

柬埔寨境内河流径流主要靠降雨补给，径流的地区分布基本上与降水的地区分布一致，总的趋势是由东北和西南山区向洞里萨湖中心区和三角洲地区递减。河川径流的年际变化主要取决于降水的年际变化，同时还受到径流的补给类型、河流大小以及岩性、地貌、土壤、植被等流域下垫面条件的影响。全国各分区河川径流变差系数在 0.041～0.150 之间。柬埔寨境内河流径流年内分配与降水相同，有明显汛期、非汛期，径流年内分配规律与降雨相似，主要集中在雨季(5—11 月)，雨量径流量占全年径流量的 84%。

(2)地表水环境质量

根据柬埔寨水质标准和中国地表水环境质量标准(GB 3838—2002)分别对柬埔寨境内湄公河干流及其支流等河流进行水质评价。

根据 2010—2015 年柬埔寨 19 个水质监测站点的实测资料，按柬埔寨国家水质标准，采用保护水生生物水质指标和保护人类健康的水质指标对水质进行分析。湄公河干流和巴塞河水质为 A、B 级水质，均处于优或者良的状态。但近年来水质略有下降，例如位于湄公河和巴塞河上的一些监测站的水质由 A 级水降为 B 级水。

根据水质测站 2013—2015 年水质监测资料，按中国地表水环境质量标准，选取高锰酸盐指数、总磷、总氮、氨氮、溶解氧共 5 项指标对水质进行评价。评价结果表明，湄公河干流由于水量较大，总体水质相对较好，年均基本可达Ⅲ类及以上水质，其余河流除总磷外，各指标均能达到Ⅲ类及以上水平。近 3 年来，柬埔寨国内各测站水质均有下降趋势。洞里萨湖水质总磷超标，两个测站水质均处于Ⅴ类及劣Ⅴ类。雨季水质状况整体明显劣于旱季，河湖水污染的主要成因为面源污染。

(3)地下水环境质量

依据“柬埔寨国家井位图 Wellmap 数据库(柬埔寨农业发展部，2010)”提供的水化学原始数据和中国《地下水水质标准(DZ/T 0290—2015)》、中国《农田灌溉水质标准(GB5084)》以及柬埔寨《公共水域公众健康水质标准》，对地下水质量进行评价。全国五大一级地下水资源区的水质状况见表 7.3-2。其中，洞里萨平原及湄公河三角洲地区地下水的砷污染情况较严重，铁含量普遍偏高。

表 7.3-2　　　　一级地下水资源区的水质状况表

地下水资源区	水样总数/个	按中国地下水质量标准			按柬埔寨水质标准
		Ⅴ类水百分占比/%	Ⅳ类水百分占比/%	Ⅲ类及以下类别水百分占比/%	
东部三河流域群地下水资源区(E)	6	100.0	0.0	0.0	100%砷含量超标
上湄公河流域群地下水资源区(UM)	132	100.0	0.0	0.0	100%砷含量超标

续表

地下水资源区	水样总数/个	按中国地下水质量标准			按柬埔寨水质标准
		V类水百分占比/%	Ⅳ类水百分占比/%	Ⅲ类及以下类别水百分占比/%	
中部洞里萨流域群地下水资源区(C)	2114	67.1	21.6	11.3	57.5%样本砷含量超标
湄公河三角洲流域群地下水资源区(MD)	26421	95.0	4.2	0.8	81.9%砷含量超标

(4)自然资源与生态环境

柬埔寨动物物种丰富，约有630种保护物种，动物野生种群主要分布在东北部。在人烟稀少的森林和山区，生活有印度象、老虎、猎豹、熊，以及眼镜蛇等剧毒蛇类。柬埔寨分布有850多种鱼类，洞里萨湖是水鸟和水生动物的天堂。

(5)主要生态环境问题

柬埔寨是传统的农业国，工业较为落后，经济发展水平较低。近年来人口增加和城镇化进程加快，经济发展导致环境污染和生态破坏不断加剧。水污染已成为柬埔寨目前主要的环境问题之一。

柬埔寨目前的工业、生活污染源的治理与管理理念较为落后，工业、生活废水等得不到有效处理，便被直接排放至河流及湖泊中；柬埔寨农民对农药和化肥的大量使用使得面源污染加重，加上柬埔寨主要以种植水稻为主，水稻的回归水量大，雨季回归水通过地表径流进入河流、湖泊等水体，严重污染了柬埔寨国内各主要河流。与水相关的柬埔寨生态环境问题主要有以下四个方面。

一是湄公河干流水质较好，支流污染日趋严重。湄公河干流总体水质较好，各测站年均值均可达到Ⅲ类以上，但年内水质变化较大，雨季水质明显劣于旱季。支流中，巴塞河、洞里萨河、桑卡河受城镇生活污水排放的影响，位于城市下游的河段水质逐年恶化。随着城市人口迅速增长、经济社会逐步发展，柬埔寨国内各河流水环境整体呈下降趋势，若不及时采取治理措施，发生严重水污染事件的风险较大。

二是污水处理率低，农业面源污染负荷重。柬埔寨人口总量小，国内经济以农业为主，但柬埔寨国内除金边外，基本未建设生活污水处理设施，大部分污水未经处理直接排入水体，水体接纳的污水量迅速上升。洞里萨湖湖中及湖边目前居住有大量人口，人畜排泄物、生活污水等对湖区水质造成了较大污染，加上人口增加、森林面积减少、泥沙量增加等因素影响，洞里萨湖水质整体上呈恶化趋势。由于社会发展水平低，政府对水资源保护不够重视，缺乏系统的宣传与教育，普通民众对化肥及农药的认识相对欠缺，容易发生滥用化肥及农药的情况，加上柬埔寨国内农业以种植水稻为主，雨季丰沛的降雨形成的地表径流将营养物质冲刷进入河道，是导致河湖水质总磷超标严重的主要原因。

三是基础设施落后，饮用水安全难以保证。柬埔寨农村供水基本以地下水为主，由于农村供水设施和卫生条件差，处理工艺简陋，洞里萨湖西部地区大多地下水砷超标，饮用水水质安全难以保证，因饮用水水质引起的腹泻、痢疾、伤寒等疾病发病率较高。

四是监测覆盖率低，监测能力弱。目前柬埔寨国内布置有 19 个水质监测站，仅覆盖湄公河干流、洞里萨河、巴萨河等 6 条河流和洞里萨湖 1 个湖泊，其余地区无水质监测站。全国仅在金边有一个水环境监测实验室，工作人员仅 9 人，所有的监测水样在取样后，需送至金边检测，最长需要 3 天时间。国家对水环境监测投入不足，监测工作所需经费主要来源于湄委会。

7.3.2 保护布局

(1)湄公河区

严格控制污染物排放，加强重点水域水污染治理，使得区域内干支流水质优于或不低于现状水质；针对饮用水安全与监测能力不足，做好饮用水水源地安全保障工作，完善区内城市供水管网建设及河流水质监测网络，维持水环境良性发展，实现流域治理开发与生态环境保护同步双赢。

(2)洞里萨湖区

围绕洞里萨湖区经济社会发展的总体布局，针对农业面源污染负荷大、支流污染日趋严重的问题，根据区域内水利基础设施现状，应贯彻“开发与保护并重”的方针，按照“在保护中促进开发、在开发中落实保护”的原则，正确处理好治理开发与保护的关系，加强水资源保护，强化生态环境保护，实现支撑区域经济社会可持续的目标。

7.3.3 水资源及生态环境保护措施与建议

(1)加强污染源治理

加强污水处理基础设施建设。针对柬埔寨国内城市污水处理设施缺乏，污水直接排放入河的现状，根据规划水平年城市人口、城镇化水平以及流域用水定额，加强城市污水处理设施及其配套管网建设和垃圾填埋场渗滤液处置设施建设。加强对城郊周边工业企业污染排放管理，落实柬埔寨环境保护及自然资源管理法相关要求。禁止非法或过度捕捞，保护湄公河和洞里萨湖渔业资源。

加强小流域综合治理。针对水质状况较差的支流，加强污水处理能力，加大其污水管网及配套措施建设，制定污水管网运行、维护管理的相关办法；采取排除内源、控制外源等措施，预防水体富营养化。

加大面源污染治理力度。针对农业面源污染负荷重的问题，在发展农业优势的同时，加强农田灌排水利设施建设；提高农药、化肥的利用效率，控制或削减化肥、农药的使用量；扩大有机肥的生产和使用，以减轻对土壤的破坏和污染，降低农药化肥流失造成的污染负荷增加；加强以削减化肥、农药使用量、提高利用率、扩大有机肥生产和使用为重点的生态农业建设，优化调整农业结构。加强对森林的保护与管理，减少水土流失。建设缓冲带及人工湿地，有效地防治面源污染，改善区域环境。

(2)改善居民饮用水条件

改善居民饮用水条件。科学划定饮用水水源地保护区，切实加强饮用水水源地环境保护，完善城市备用水源，取缔水源保护区内的直接排污口，严控养殖业污染水排放源，禁止有毒有害物质进入饮用水水源保护区，确保居民饮用水安全。

制定并实施水资源保护立法条例等法律法规，明确相关部门的责任，建立饮用水水源污染防治技术支撑体系，完善饮用水安全保障应急预警机制。针对农村饮用水安全及村民对环境保护意识薄弱等问题，逐步启动农村分散式饮用水水源污染防治工作，加大宣传力度，宣传饮用水水源环境保护理念和做法。

(3)强化洞里萨湖综合治理

目前洞里萨湖湖中及湖边居住有大量居民，不仅居民的居住环境较为恶劣，而且人畜排泄物、生活污水以及船只排放的油污等生产生活废污水对湖区水质影响较大，应逐步将居民迁移到岸边并加大废污水排放管理力度。限制湖区养殖业的发展，强化区域畜禽养殖业污染防治，推进养殖污染防治工程和生态养殖，降低因营养物质富集，造成湖区局部水域富营养化的风险；提升对主要城镇生活污水的处理能力，加快城镇污水处理设施及截污管网系统配套建设，采取分散与集中相结合的方式，积极开展滨湖保护区村镇整体式生活污水处理设施安装，减少生活污水的排放，加强入湖排污口的监督管理。通过实施污水集中处理，削减入湖污染负荷，可有效控制经由城镇生活、工业污染、畜禽养殖等途径进入湖泊的污染负荷，保护湖区水质。

针对洞里萨湖区船只排放油污水等污染物现象，应加强洞里萨湖水域船舶防污立法，加大湖区航运管理；开展船舶垃圾、油废水两站建设，积极督促船民将船舶垃圾送交上岸；加强危化品船舶安全监管，对危险品运输公司和船舶实施安全审核，加大船舶污染防治宣传力度，提高广大从业人员的防污意识；开展港口水污染防治工作，推进港口集约化、规模化和环保化，积极建设生态航道，美化和净化水环境。

开展洞里萨湖周边环境综合整治，整治河岸，修复基底，种植适宜的水生、陆生植物，构成绿化隔离带，维护河流良性生态系统；对湖周边生态破坏较重区域，建立生态屏障，减少面源污染，减缓水土流失；对湖库周边的自然滩地和湿地进行保护和修复，建立入湖排污许可制度，加强入湖支流的水质管理与监测，采取适宜技术措施综合控制内外源污染，保护湖区水质。

(4)保障河湖生态需水

生态需水主要指维护河流、湖泊、湿地生态系统的基本结构和重要功能，维持生物生存的基本生境条件所需要的水量和流量过程。加强河湖生态环境需水保障是保护水生态空间、维护河湖健康的关键，也是促进江河湖泊休养生息，维持河湖生态系统稳定和提升服务功能的重要举措。为了防止因水电开发而导致河道断流、湖泊萎缩、湿地面积减少、水生态退化等问题出现，河流水电开发需合理制定电站最小下泄流量，以保障下游河段的生态需水。

(5)完善水环境监测网络

完善水环境监测网络，加强监测能力建设。目前柬埔寨水环境监测网络不完善，仅有湄委会资助建立的19个常规监测站点，且监测指标有限。为了能掌握全国的水资源水质状况，应加大监测投资力度，提高监测能力，基于已监测站点，根据支流水资源利用、污染源分布、取水口分布等信息，优化监测站网布局，在主要河流建立实时、快速、准确、自动化的水质水量监测系统。柬埔寨大多数农村居民饮用水水源为地下水，为保障供水安全，应逐步建立地下水水质监测网络，配备监测人员、实验室仪器设备等，不断加强能力建设。

(6)建立水资源保护管理体系

建立水资源保护管理体系，增强管理能力。柬埔寨全国水资源管理主要由柬埔寨水利气象部负责，但涉水的相关部门还有农业、林业、渔业、农村发展、公共工程与运输、国土、规划和建设部等，应建立部门联动制度，各部门间分工明确、责权明晰，提升水资源保护管理能力。

柬埔寨目前涉及水资源保护的法律法规包括环境保护与自然资源管理法、关于水污染管理的行政法规、水资源管理法等。但各项政策和法规还有待健全，水资源保护工作的开展与管理难度较大，应加大水资源保护方面的法律法规建设，从保护体制机制建设入手，注重上层规划与设计，制定一套集水量、水质、水生态系统保护为一体的水资源保护管理法律体系，明确水资源保护相关部门工作职责，细化法律实施细则，健全水资源保护监督管理和考核机制。另外，可制定专门的洞里萨湖流域综合管理法律，将水资源保护内容作为其中的重要条款阐述。

7.4　缅甸伊洛瓦底江三角洲水资源及生态环境保护示范

7.4.1　伊洛瓦底江三角洲生态环境现状

缅甸伊洛瓦底江三角洲总面积 2.61 万 km^2，涉及伊洛瓦底、仰光、勃固 3 个省级行政区。区域为典型的海陆交互三角洲扇形地貌。地势平坦开阔，海拔高度 2～10m，属于平原地貌，区内河道纵横，水塘密布，水系非常发达，全年水位平均相差 10～11m。

(1)水系特征

伊洛瓦底江全长 2714km，在缅甸境内长达 2030km，是缅甸最大的河流，由北向南贯穿全国，有 30 多条支流，流经 8 个邦(省)、32 个县、90 个镇区，流域面积达 43 万 km^2，约占缅甸国土总面积的 60%。其河源分东西两支，东源恩梅开江发源于中国西藏的察隅附近，在中国称独龙江；西源迈立开江发源于缅甸的北部山区，两江在密支那城北汇合后始称伊洛瓦底江，最后在三角洲呈网状经由 9 个入海口流入安达曼海。

(2)地表水环境质量

伊洛瓦底江水质总体较好，雨季和旱季的变化比较明显。三角洲区域 10 个监测站点水质结果表明，从 2011 年开始水质有下降趋势。伊洛瓦底江三角洲地区的 17 个乡镇，仅 3 个乡镇饮用水水质较好，其余 14 个乡镇水源砷含量超过 50μg/L(超过了缅甸相关规范规定)。

对伊洛瓦底江三角洲 163 个地下水质监测点的数据进行分析，结果显示，依据《缅甸饮用水质量标准》，三角洲内各县砷含量超出饮用标准的水质监测点占比为 18.2%～90.0%。

(3)地下水环境质量

伊洛瓦底江三角洲地区地下水监测点位少，覆盖地区十分有限，监测指标主要有浊度、盐度、TDS、EC、砷、PH 值、氟化物、硝酸盐以及 Na+、Ca^{2+}、Mg^{2+}、Fe^{2+}、Cl^-、SO_4^{2-} 离子含量等，但是多数监测点的监测指标不全，部分站点仅含一个或少数几个指标。根据中国的《地下水质量标准(GB/T 14848—2017)》，伊洛瓦底江三角洲地区多数县城地下水水质为Ⅳ～Ⅴ类。按 2014 年颁布的《缅甸饮用水质量标准》，规划区内的各主要县区 40%以上的地下水超出饮用标准。

(4)自然资源与生态环境

缅甸是世界上森林分布最广的国家之一，森林资源极为丰富，森林总面积 31773 万 hm^2，森林覆盖率为 46.96%，其中郁闭林 13445 万 hm^2，疏林 18328 万 hm^2。森林类型包括海岸沼泽林(红树林)、热带常绿阔叶林、常绿落叶混交林、干旱地林、落叶龙脑香林、山地温带常绿阔叶林和灌丛等，其中，常绿落叶混交林和山地常绿林面积最大，分别占森林面积的38.26%和26.88%。

缅甸森林主要分布在北部、西部和南部，中部勃固山脉是柚木的主要产区，世界60%的柚木储量和国际市场上85%的柚木均产自缅甸。缅甸还盛产檀木、灌木、鸡翅、铁力、酸枝木、花梨木等各种优质硬木和名贵硬木。此外，缅甸还有丰富的竹类和藤木资源。竹类品种97种，主要分布在若开、缅中地区。藤木32种，分为水藤、红藤，主要分布在克钦、掸邦。物种达7000余种，其中1071种为缅甸特有物种。缅甸是世界上最大的柚木出口国，森林保护措施尚不完善，导致森林被快速砍伐。缅甸南部(在坦南塔地区)和北部的克钦邦山区是马来西亚雨林和喜马拉雅动物群的所在地，是生物多样性十分丰富的地区。

(5)主要生态环境问题

缅甸主要面临的生态环境问题有水质下降趋势明显，森林资源锐减，饮用水安全难以保证等。

在水质方面，生活废污水、畜禽粪尿不经处理直接排入水体，伊洛瓦底江三角洲灌区面积大，农药肥料的大量使用，使得农业退水对河流水质造成了一定影响。近年来，三角洲区域旱季水中污染物浓度呈现上升趋势，乡镇饮用水水源水质指标砷等重金属污染严重，水质呈现下降趋势。

在森林资源方面，生态环境遭受破坏，森林资源锐减。伊洛瓦底江粮食主产区的森林资源急剧减少，森林覆盖率降低，森林植被遭到严重破坏，进而引发水土流失、山区泥石流等灾害。

在饮用水方面，饮用水安全难以得到保障。因南部沿海地下水为咸水，中部和北部地区大部分地区浅层地下水砷超标，均无法饮用，目前取水水源多为深层地下水，而整个三角洲地区仅波亚县(Pyapon)有一座集中供水水厂。由于缺乏集中供水水厂与净水设备，大部分饮用水水源都未经过水质检测，且未经净化直接饮用，存在严重的安全风险。

7.4.2 保护措施与建议

(1)水资源

加强水资源的统一管理，合理配置生活、生产、生态用水，促进人水和谐，维护河流健康；协调好水资源开发利用与区域经济社会发展的关系，在水资源开发利用的同时，重视对水资源的节约和保护，重视对河流生态和地下水系统的保护，严格控制对水资源的消耗。

(2)水环境

切实加强三角洲中上部水环境的治理与保护，坚持预防为主，加强综合管理，强化从源头防治，恢复和保护生态环境。加强对森林的保护与管理，减少水土流失，通过多种途径宣传水资源节约和水环境保护，提高民众节水保水意识；制定区域水污染防治规划和水资源保护规划，优化调整三角洲农业产业结构，优化农药使用方案，合理施药，有效控制农药化肥使用，减少灌溉退水对河流水质影响，从而改善区域环境。加强对地下水环境的保护，建立地下水监控体系，加强环境风险评价工作，针对可能发生的重大环境风险，制定突发性环境事件应急预案和风险应急管理措施。强化对水工程建设全过程的监督管理，认真落实各项环境保护措施。

(3)生态环境

维持江河连通性，保障鱼类生存繁殖通道，加强区域内水生生物资源监测和科研工作。控制对森林的砍伐量，尽可能减少对农田和林地的占用，加强原生植被的保护与修复，及时开展迹地恢复。加强河流生态调度，保障河流生态环境需水量，在水资源开发利用中，保障河流的基本生态用水要求，使三角洲中上部地区地下水水位处在合理区间。

(4)社会经济

加强保护基本农田及耕地，做好基本农田保护与调整工作；工程临时占地应及时进行复垦；对规划可能引起土壤潜育化、沼泽化等土地退化问题的区域，采取工程、植物措施防治。切实加强供水安全，安装生活饮用水净化、消毒设施。

第8章　总结与未来展望

CHAPTER 8

8.1　前期合作总结

澜沧江与湄公河，一水二名。澜沧江，自中国青海省玉树藏族自治州发源，流经西藏、云南两省区后于云南出境，出境后被称作湄公河，依次流经缅甸、老挝、泰国、柬埔寨和越南，从越南三角洲注入南海。澜湄六国因水而生，因水而兴。2016年，澜沧江—湄公河合作首次领导人会议促成了澜湄合作机制，也催生了“六国依托水资源合作、共建次区域命运共同体”的“澜湄文化”。澜湄六国面临着相似的水资源挑战，对未来发展的共同愿景，是澜湄水资源合作的战略基础。

自2016年澜湄水资源合作正式启动以来，其在机制建设、技术交流、务实合作、信息共享等方面取得丰硕成果，澜湄水资源合作进入发展快车道。

六年来，澜湄六国水利部门积极落实领导人共识，建立了部长级会议政策对话、水资源合作论坛技术交流、联合工作组组织落实、澜湄水资源合作中心综合支撑的水资源合作机制，推动澜湄水资源取得了实质性进展。《澜湄水资源合作五年行动计划(2018—2022)》是澜湄水资源领域务实合作的顶层设计。五年行动计划的总体目标是通过水资源可持续利用、管理和保护，促进各成员国经济社会可持续发展并造福人民。具体目标包括加强国际水资源交流与合作，提升水资源管理能力，促进水利基础设施建设和推动涉水民生发展。合作原则为平等协商，共建共享；统筹考虑，协调发展；政府引导，多方参与。合作领域包括水资源与绿色发展、水资源管理与应对气候变化、水利产能合作与互利共赢、农村地区水利与民生改善、水电可持续发展与能源安全、跨界河流合作与信息共享和其他领域协作。在五年行动计划的指导下，六年来，澜湄六国水利部门聚焦流域规划、水资源信息化建设、水利标准规范、洪旱灾害防御、水电绿色发展、大坝安全等领域，实施了一批惠民项目，为当地百姓带来了实实在在的利益。根据领导人会议共识，中方在连续19年向湄公河国家和湄委会提供汛期水文信息的基础上，加大信息分享力度，将水文信息共享范围由汛期扩大到全年，六国还就共同建设澜湄水资源合作信息共享平台达成共识，签署了《澜湄水资源合作信息共享平台建设意向书》，为尽快发挥平台服务澜湄水资源合作的作用，中方率先建设并于2020年11月底正式开通了澜湄水资源合作信息共享平台网站。在澜湄水资源合作框架下，举办了形式多样、内容丰富的交流培训活动，内容涵盖水资源综合规划与治理技术、水旱灾害防治技术、水利工程施工与建设技术等，有效促进了澜湄国家水利技术和经验的交流与共享，有力提升了湄公河国家水治理能力及澜湄水资源合作的凝聚力。

8.2　合作展望

"同饮一江水，澜湄一家亲"，澜湄六国有着相似的生活、文化、饮食和习俗，澜湄流域国家的民众有着天然的亲近感。澜湄合作的目标是推进次区域的整体发展和振兴，在这个目标的指导下，六国齐心协力，遵循有事商量着办的原则，浇灌澜湄水资源合作之花。澜湄机制下的水资源合作虽然进展顺利，但也面临着一系列的困难与挑战。例如合作机制的机构还不够成熟完善，澜湄水文化意识尚未深入沿岸各国人心，与已有相关涉水合作组织及合作机制的关系需要进一步协调等。下一步，澜湄水资源合作应从加强合作机制建设、项目建设、流域水资源管理等多方面共同发力，更好发挥澜湄水资源合作机制的平台作用，进一步促进水资源领域的合作。

机制建设方面，要进一步强化澜湄水资源合作联合工作组对澜湄水资源合作的指导和督促作用，在联合工作组的指导下，加强澜湄水资源合作中心能力建设，提升水资源合作沟通协调能力，打造具有国际影响力的合作交流平台。同时进一步加强双多边对话沟通，巩固合作伙伴关系。深入推进水资源政策对话，凝聚水资源开发管理与保护共识，营造良好的双多边合作氛围。通过深化项目合作与人员、技术交流，定期举办澜湄水资源合作论坛、联合工作组会议、部长级会议等，持续加深水资源合作伙伴关系，使水资源合作形成良性循环。

项目建设方面，首先要继续加强水资源综合管理与利用顶层设计，指导澜湄水资源合作走深走实。在"一带一路"倡议、全球发展倡议、全球安全倡议、全球文明倡议、陆海新通道建设和全球碳减排目标等的指导下，加强澜湄水资源合作顶层设计，深化合作战略对接。顶层设计需充分考虑澜湄流域国家现状和发展需求，合理制定水资源合作目标，提出澜湄水资源合作重点领域和优先项目，科学编制澜湄水资源合作行动计划。其次要实施更多水利惠民项目，切实增进澜湄流域民众福祉。要充分考虑澜湄流域各国水利设施情况和人民生活生产需求，加强水利基础设施建设合作，提高防洪抗旱应对能力，发挥民生保障工程作用，共同促进农村地区水利与民生改善，提高澜湄流域人民生活水平。再者要加强澜湄水资源合作信息共享平台共商共建，增强水资源相关信息和数据共享，提升流域各国水资源综合管理和水旱灾害应对能力，共享水资源合作成果。澜湄水资源合作信息共享平台是澜湄六国共同参与水资源利用与管理的重要平台，也是澜湄水资源合作对外展示与互动的窗口，应秉持"共商共建共享"的原则，共同设计平台建设内容，携手开展平台后续建设；增加平台展示内容，开发平台新功能，拓宽平台服务澜湄水资源合作渠道，发挥平台引领和服务澜湄水资源合作的作用。最后要推进优秀项目推广与示范建设，丰富宣传途径，加大宣传力度，提高澜湄水资源合作关注度和影响力。要深度结合项目、示范基地和行业特色，搭建澜湄水资源合作优秀项目示范基地等合作交流平台，探索澜湄水资源合作“政学研产金用服”联合模式，推广优秀项目成功经验和模式；建设专业化的水利科技成果转化服务平台，吸引澜湄流域内外社会各界共同助力水资源合作，服务澜湄国家共同繁荣。要遵循宣传规律，讲究宣传艺术，紧跟社会宣传形式变化，创新宣传方式，制定澜湄水资源合作宣传实施方案。要用活传统宣传途径，发挥新媒体宣传优势，打造线上线下宣传合力，进一步巩固水资源合作宣传阵地。要切实提高宣传效率，增加澜湄六国社会公众对水资源合作及其对区域经济社会发展贡献的认识和了解，扩大水资源合作的影响力与知名度，服务澜湄水资源合作走深走实。

流域水资源管理方面，首先要加快制定澜湄水资源领域各项标准，切实推进水资源信息共享。充分考虑澜湄六国水资源数据采集、储存、信息共享等方面现状，制定水资源相关信息、数据的共享标准和方式。通过举行双、多边磋商等形式，确定水资源领域信息共享范围，进一步增信释疑。其次，要加强气候变化与区域水资源影响研究，共同应对气候变化挑战。联合澜湄流域内外国家相关专家学者，共同开展气候变化对澜湄流域水资源影响研究，分析气候变化带来的风险挑战，进一步加强关于水资源综合管理和应对气候变化的合作对话，提出共同应对策略。再者要加快澜湄智慧流域建设，构建智慧应用与决策体系。立足各国水利数字化建设基本情况，认真开展需求分析，掌握水利业务的目标、流程、功能、数据等需求，编制澜湄智慧流域建设总体方案。推动水利业务与信息技术深度融合，澜湄六国共同探讨和促进智慧水利系统落地，努力实现澜湄流域水利决策科学化、水利治理管理精细化、水利公共服务高效化。在智慧水利系统预报、预警、预演、预案功能的支撑下，提升水旱灾害防御、水资源开发与保护、水资源优化配置等能力。最后要加强水资源领域人员交流和推动水资源综合管理。通过举办会议、培训班、交流营、相互兼职等人员交流活动，加强各国水利机构、企业等单位联合协作能力，促进澜湄各国水利人才经验分享与技术知识交流，增进澜湄水资源合作黏性，切实提升各国水资源管理能力。统筹处理好经济发展、生态保护、水利设施建设三者之间的关系，努力推进澜湄流域水资源综合管理，争取达到水资源开发综合效益最大目标，支撑澜湄流域国家经济社会发展。

参考文献

[1] AARON T W, NATHARIUS J A, DANIELSON J J, et al. International river basins of theworld[J]. International Journal of Water Resources Development, 1999, 15(04): 387-427.

[2] ADB. Cumulative impact analysis and Nam Theun 2 contributions[R]. Mandalyuyong: ADB, 2004.

[3] ARJOON D, TILMANT A, HERRMANN M. Sharing water and benefits in transboundary river basins[J]. Hydrology & Earth System Sciences, 2016, 20(06): 2135-2150.

[4] BRAVARD J P, GOICHOT M, GAILLOT S. Geography of sand and gravel mining in the Lower Mekong River[J]. EchoGéo, 2013, 26: 1499-1501.

[5] FENG Y, HE D M, BAO H S. Analysis on equitable and reasonable allocation models of water resources in the Lancang-Mekong River Basin [J]. WaterInternational, 2004, 29(01): 114-118.

[6] FENG Y, HE D M, BAO H S. Analysis on equitable and reasonable allocation models of water resources in the Lancang-Mekong River Basin [J]. WaterInternational, 2004, 29(01): 114-118.

[7] FOOD AND AGRICULTURE ORGANIZATION. Aquastat Country Profile: Cambodia[R]. Rome: FAO, 2011.

[8] GERLAK AK, HAEFNER A. Riparianization of the Mekong River Commission [J]. Water International, 2017, 42(07): 893-902.

[9] GRUMBINE R E, DORE J, XU J. Mekong hydropower: drivers of change and governance challenges[J]. Frontiers in Ecology and the Environment, 2012, 10(02): 91-98.

[10] GUPTA A, HOCK L, XIAO J H, et al. Evaluation of part of the Mekong River

using satellite imagery[J]. Geomorphology, 2002, 44(3 /4): 221-239.

[11] HARDEN P O, SUNDBORG A. The lower Mekong basin suspended sediment transport and sedimentation problems[M]. Uppsala: AB Hydroconsult, 1992.

[12] HE D M, LI S J. Variation of downstream sediment in Lancang-Mekong River and its transboundary effects[J]. Chinese Science Bulletin, 2006, 51(Suppl 2): 100-105. (in Chinese))

[13] HE Z H, TIAN F Q, GUPTA H V, et al. Diagnostic calibration of a hydrological model in a mountain area by hydrograph partioning[J]. Hydrology and Earth System Sciences, 2015, 19(4): 1807-1826.

[14] HENSENGERTH O. Transboundary River Cooperation and theRegional Public Good: The Case of the Mekong River[J]. Contemporary Southeast Asia, 31(02): 326-349

[15] HOANG L P, VAN VLIET M T H, KUMMU M, et al. The Mekong′ s future flows under multiple drivers: how climate changhydropower developments and irrigation expansions drive hydrological changes[J]. Science of the Total Environment, 2019, 64601-609.

[16] HOLEMAN J N. The sediment yield of major rivers of the world[J]. Water Resources Research, 1968, 4(4): 737-747.

[17] HUANG D C. Research on initial water-right allocation model in international river development. Project Management Technology, 2013, 11(12): 34-38.

[18] KAMP U, BINDER W, HÖLZL K. River habitat monitoring and assessment in Germany[J]. Environmental Monitoring & Assessment, 2007, 127(1-3): 209.

[19] KAMPRAGOU E, ELEFTHERIADOU E, MYLOPOULOS Y. Implementing equitable water allocation in transboundary catchments: The case of River Nestos/Mesta [J]. Water Resources Management, 2007, 21(05): 909-918.

[20] KESKINEN M, GUILLAUME J H A, KATTELUS M et al. The water-energy-food nexus and the transboundary context: Insights fromlarge Asian rivers[J]. Water, 2016, 8(05): 1-25.

[21] KITTIKHOUN A, STAUBLI D M. Water diplomacy and conflict management in the Mekong: From rivalries to cooperation[J]. Journal of Hydrology, 2018, 567: 654-667.

[22] KONDOLF G M, RUBIN Z K, MINEAR J T. Dams on the Mekong: cumulative

sediment starvation[J]. Water Resources Research,2014,50(06):5158-5169.

[23] LEBEL L,DORE J,DANIEL R,et al. Democratizing water governance in the Mekong Region [J]. Mekong Press,2007.

[24] LI H Y,SIVAPALAN M,TIAN F Q. Comparative diagnostic analysis of runoff generation processes in Oklahoma DMIP2 basinthe Blue River and the Illinois River[J]. Journal of Hydrology,2012,418 /419:90-109.

[25] MCINTYRE O. Benefit-sharing and upstream/downstream cooperation for ecological protection of transboundary waters:Opportunities for China as an upstream state [J]. Water International,2015,40(01):48-70.

[26] MEKONG RIVER COMMISSION,MINISTRY OF WATER RESOURCES OF CHINA. Joint observation and evaluation of the emergency water supplement from China to the Mekong River[R]. Vientiane:Lao PDR,2016.

[27] MEKONG RIVER COMMISSION. State of Basin Report 2018[R]. Vientiane: MRC,2019.

[28] MEKONG RIVER COMMISSION. The study on the sustainable management and development of the Mekong River basin,including impacts of mainstream hydropower projects[R]. Vientiane:MRC,2018.

[29] NGO L A,MASIH I,JIANG Y,et al. Impact of reservoir operation and climate change on the hydrological regime of the Sesand Srepok Rivers in the Lower Mekong Basin [J]. Climatic Change,2018,149(01):107-119

[30] PARSONS M, RANSOM G, THOMS M et al. Australian river assessment system:AusRivAS physical and chemical assessment module[J]. Canberra:Environmental Australia,2001:1-47.

[31] PIMAN T, LENNAERTS T, SOUTHALACK P. Assessment of hydrological changes in the Lower Mekong Basin from basin:widevelopment scenarios[J]. Hydrological Processes,2013,27(15):2115-2125.

[32] RAI S P, SHARMA N. Benefit sharing approach for the transbound-ary Brahmaputra river basin in South Asia-A case study[J]. Water & Energy International, 2016,58(12):56-61.

[33] RAJU K V. Financing irrigation development in Cambodia: Emerging options

[J]. Asian Journal of Science and Technology,2016,7(8):3281-3304.

[34] ROWLAND M. A framework for resolving the transboundary water allocation conflict conundrum [J]. Groundwater,2005,43(05):700-705.

[35] SADOFF C W,GREY D. Beyond the river: The benefits of cooperation on international rivers[J]. Water Police,2002,4:389-403.

[36] SADOFF C W,GREY D. Cooperation on international rivers:A continuum for securing and sharing benefits[J]. Water International,2005,30(04):420-427.

[37] SOIL CONSERVATION SERVICE. "National engineering handbook," Section 4,Hydrology,Department of Agriculture,Washington,p. 450,1964.

[38] STAHL K. Influence of hydroclimatology and socioeconomic conditions on water-related international relations[J]. Water International,2005,30(3):270-282.

[39] TIMO A. R,Jorma K,Hannu L,et al. Downstream hydrological impacts of hydropower development in the Upper Meikong basin[J]. Water Resources Management, 2012,26(12):3495-3513.

[40] WOUTERS P,TARLOCK A D. Are shared benefits of international waters an equitable apportionment[J]. Colorado Journal of International Paisley R. Adversaries into partners:International water law and the equitable sharing of downstream benefits[J]. Melbourne Journal of International Law,2002,3:280-300.

[41] 毕世鸿. 机制拥堵还是大国协调:区域外大国与湄公河地区开发合作[J]. 国际关系学院学报,2013(02):58-73.

[42] 卜慧,邵骏,欧阳硕,等. 改进 SCS 模型在老挝南乌河流域中的应用[J]. 人民长江,2018,49(22):88-92,99.

[43] 曾勇. 跨界水冲突博弈分析[J]. 水利学报,2011,42(2):204-210.

[44] 陈进. 水生态文明建设的方法与途径探讨[J]. 中国水利,2013(04):4-6.

[45] 陈丽晖,何大明. 澜沧江—湄公河流域整体开发的前景与问题研究[J]. 地理学报,1999,54(01):55-64.

[46] 陈世瑞. 论大湄公河次区域环保合作:以莱茵河治理为借鉴[J]. 云南师范大学学报(社会科学版),2008(5):72-73.

[47] 陈兴茹,王兴勇,白音包力皋. 1962 年以来湄公河流域国家洪灾损失时空分布分析[J]. 灾害学,2019,34(01):113-116.

[48] 邓恒. 澜沧江-湄公河水资源博弈[D]. 广州:暨南大学,2011.

[49] 丁俊明,严华东,薛松,等. 东南亚国际河流水资源合作开发的需求研究[J]. 水资源与水工程学报,2015,26(02):97-102.

[50] 董锁成,李泽红,李富佳,等. "一带一路"绿色发展模式与对策[N]. 中国经济时报,2017-05-11.

[51] 郭思哲. 国际河流水权制度构建与实证研究[D]. 昆明:昆明理工大学,2014.

[52] 郭延军,任娜. 湄公河下游水资源开发与环境保护———各国政策取向与流域治理[J]. 世界经济与政治,2013 (07):136-154.

[53] 郭延军. 大湄公河水资源安全:多层治理及中国的政策选择[J]. 外交评论,2011,28(2):88-101.

[54] 郭延军. 大湄公河水资源安全:多层治理及中国的政策选择[J]. 外交评论(外交学院学报),2011,28(02):84-97.

[55] 郭延军. 权力流散与利益分享———湄公河水电开发新趋势与中国的应对[J]. 世界经济与政治,2014(10):117-135

[56] 国冬梅,王玉娟. 开启互通模式,实现信息共享——"一带一路"生态环保大数据平台建设总体思路[J]. 中国生态文明,2017(03):26-29.

[57] 何大明,刘 恒,冯 彦,等. 全球变化下跨境水资源理论与方法研究展望[J]. 水科学进展,2016,27(06):928-934.

[58] 何大明,刘昌明,冯彦,等. 中国国际河流研究进展及展望[J]. 地理学报,2014,69(9):1284-1294.

[59] 何大明,刘恒,冯彦,倪广恒,孔令杰,龙爱华,张长春. 全球变化下跨境水资源理论与方法研究展望[J]. 水科学进展,2016,27(06):928-934.

[60] 何大明. 澜沧江-湄公河水文特征分析[J]. 云南地理环境研究,1995(01):58-74.

[61] 何大明等. 中国西南国际河流水资源利用与生态保护[M]. 北京:科学出版社,2007.

[62] 何艳梅. 国际水资源利用和保护领域的法律理论与实践[M]. 北京:法律出版社,2007:53.

[63] 贺圣达. 大湄公河次区域合作:复杂的合作机制和中国的参与[J]. 南洋问题研究,2005(01):6-14+45.

[64] 贺圣达. 大湄公河次区域水资源合作开发的现状、问题及对策[J]. 南洋问题研究,

2005(01):92-94.

[65] 侯时雨,田富强,陆颖,倪广恒,卢麾,刘慧,魏靖.澜沧江-湄公河流域水库联合调度防洪作用[J].水科学进展,2021,32(01):68-78.

[66] 胡文俊,陈霁巍,张长春.多瑙河流域国际合作实践与启示[J].长江流域资源与管理,2010,19(07):739-745.

[67] 胡兴球,刘晓娴,刘宗瑞.澜沧江-湄公河流域水资源开发多主体合作机制研究[J].水利经济,2015,33(06):34-36+44+80.

[68] 户英杰.湄公河委员会的发展与作用研究[D].昆明:云南大学,2015.

[69] 黄德春,许长新.基于整体开发管理的国际河流决策支持系统[J].中国人口资源与环境,2006,16 (02):137-141.

[70] 黄雅屏.中国国际河流争端解决的困境初探[J].大连海事大学学报(社会科学版),2010(4):55.

[71] 黄炎.澜沧江—湄公河流域水资源国际合作的动因、基础与路径选择[J].国际法研究,2019(02):50-62.

[72] 康立芸,孙周亮,刘艳丽,等.水利益共享理论及其应用概述[J].人民黄河,2021,43(1):77-81.

[73] 孔令杰,田向荣.国际涉水条约法研究[M].北京:中国水利水电出版社,2011:5.

[74] 匡洋,李浩,杨泽川.湄公河干流水电开发事前磋商机制[J].自然资源学报,2019,34(01):54-65.

[75] 雷宇.湄公河跨界水资源开发与利用的国际合作研究[D].上海:华东政法大学,2016.

[76] 李奔.国际河流水资源开发利用决策方法研究[D].武汉:武汉大学,2010.

[77] 李昌文,游中琼,徐照明,等.湄公河与洞里萨湖河湖关系研究[J].人民长江,2019,50(10):86-93.

[78] 李海川,王国庆,郝振纯,等.澜沧江流域水文气象要素变化特征分析[J].水资源与水工程学报,2017,28

[79] 李浩,覃晖,刘晓洁,Watt Botkosal.澜湄合作机制下中柬水资源合作路径[J].资源科学,2021,43(05):987-995.

[80] 李霞,周晔.湄公河下游国家水质管理状况与区域合作前景[J].环境与可持续发展,2013,38(06):16-18.

[81] 李妍清，李中平，戴明龙，等. 2016′澜沧江梯级水库对湄公河应急补水效果分析[J]. 人民长江，2017，48(23)：56-60.

[82] 李妍清，王含，陕硕，等. 柬埔寨水资源量时空分布研究[J]. 人民长江，2018，49(22)：33-39.

[83] 李志斐. 气候变化与中国周边地区水资源安全[J]. 国际政治研究，2015，36(04)：37-55＋5-6.

[84] 李志斐. 水问题与国际关系：区域公共产品视角的分析. 外交评论，2013，30(2)：108-118.

[85] 刘艳丽，赵志轩，孙周亮，等. 基于水利益共享的跨境流域水资源多目标分配研究：以澜沧江-湄公河为例[J]. 地理科学，2019，39(03)：387-393.

[86] 刘宗瑞，周海炜，赵又霖. 国际河流跨境洪灾防治的合作特征及演进趋势：基于防洪合作协议的内容分析. 中国人口·资源与环境，2015，25(12)：78-84.

[87] 卢光盛，别梦婕. 澜湄合作机制：一个"高阶的"次区域主义[J]. 亚太经济，2017(02)：43-49.

[88] 卢光盛，金珍. "澜湄机制：湄公河次区域合作的新尝试. 世界知识，2015，(22)：16-18.

[89] 卢光盛，吴波汛. 人类命运共同体视角下的"清洁美丽世界"构建———兼论"澜湄环境共同体"建设[J]. 国际展望，2019(02)：64-83.

[90] 卢光盛，张励. 澜沧江—湄公河合作机制与跨境安全治理 [J]. 南洋问题研究，2016(03)：12-22.

[91] 卢光盛. 中国加入湄公河委员会，利弊如何[J]. 世界知识，2012(08)：30-32.

[92] 罗积满，乐建华. 柬埔寨王国电力建设与发展初探[J]. 人民长江，2015，46(13)：105-107.

[93] 茆金枝，张阳. 澜沧江—湄公河"全流域"规划制定的组织模式[J]. 水利经济，2015，33(01)：44-47＋62＋75.

[94] 欧阳万华. 柬埔寨水资源开发现状、问题及对策[N]. 国际商报，2005-12-20(06).

[95] 朴键一，李志斐. 水合作管理：澜沧江—湄公河区域关系构建新议题[J]. 东南亚研究，2013 (05)：27-35.

[96] 齐虹丽，龙悦宁. 澜沧江—湄公河流域淡水资源保护国际合作机制探析. 云南社会科学，2011，(5)：69-73.

[97] 全毅. 中国—东盟澜湄合作机制建设背景及重要意义. 国际贸易,2016,(8):29-34.

[98] 任俊霖,彭梓倩,孙博文,等. 澜湄水资源合作机制[J]. 自然资源学报,2019,34(02):250-260.

[99] 任娜,郭延军. 大湄公河次区域合作机制:问题与对策 [J]. 战略决策研究,2012,3(02):61-66.

[100] 世界水坝委员会. 水坝与发展:决策的新框架[M]. 北京:中国环境科学出版社,2005.

[101] 孙周亮,刘艳丽,刘冀,等. 澜沧江—湄公河流域水资源利用现状与需求分析[J]. 水资源与水工程学报,2018,29(4):67-73.

[102] 唐海行. 澜沧江—湄公河流域的水资源及其开发利用现状分析[J]. 云南地理环境研究,1999,11(01):16-25.

[103] 屠酥,胡德坤. 澜湄水资源合作:矛盾与解决路径. 国际问题研究,2016,(3):51-63.

[104] 屠酥. 澜湄水资源安全与合作流域发展导向的分析视角[J]. 国际安全研究,2021,39(01):63-89.

[105] 汪霞. 澜沧江-湄公河流域水资源合作机制研究[J]. 东南亚纵横,2012(10):73-76.

[106] 王登科,陈丙先. 缅甸能源政策目标及其评价[J]. 东南亚纵横,2011(7):47-53.

[107] 王庆忠. 大湄公河次区域合作:域外大国介入及中国的战略应对. 太平洋学报,2011,19(11):40-49.

[108] 王庆忠. 大湄公河水资源"安全化"的形成及影响[J]. 江南社会学院学报,2016,18(04):19-24.

[109] 王若兰. 澜沧江—湄公河流域 5 国水资源利用差异分析[D]. 云南大学,2019.

[110] 文伏波,韩其为,许炯心,等. 河流健康的定义与内涵[J]. 水科学进展,2007,18(1):140-150.

[111] 文云冬. 澜沧江-湄公河水资源分配问题研究[D]. 武汉:武汉大学,2016.

[112] 吴迪,赵勇,裴源生,等. 气候变化对澜沧江—湄公河中上游径流的影响研究[J]. 自然资源学 报,2013,28(9):1569-1582.

[113] 吴明海,张代青,杨娜. 越南水资源利用与水权制度建立[J]. 中国农村水利水电,2010(10):118-120+124.

[114] 谢敏，叶兴茂，徐晓婧，侯一俊. 全国征地信息共享平台建设研究与实践[J]. 国土资源信息化，2019(02)：7-11.

[115] 邢伟. 澜湄合作机制视角下的水资源安全治理[J]. 东南亚研究，2016(06)：72-82.

[116] 邢伟. 水资源治理与澜湄命运共同体建设. 太平洋学报，2016，24(6)：43-53.

[117] 许健. 全球治理语境下国际环境法的拓展[M]. 北京：知识产权出版社，2013：17.

[118] 杨桂山，于秀波. 流域综合管理导论[M]. 北京：科学出版社，2004.

[119] 杨正波. 莱茵河保护的国际合作机制[J]. 水利水电快报，2008，29(01)：5-7.

[120] 于宏源，汪万发. 澜湄区域落实 2030 年可持续发展议程：进展、挑战与实施路径[J]. 国际问题研究，2019 (01)：75-84.

[121] 于洋，韩宇，李栋楠，等. 澜沧江-湄公河流域跨境水量-水能-生态互馈关系模拟[J]. 水利学报，2017，48(6)：720—729.

[122] 张超. "一带一路"战略与国际制度体系的变革[J]. 理论探索，2017(03)：44-48.

[123] 张励，卢光盛. 从应急补水看澜湄合作机制下的跨境水资源合作. 国际展望，2016，8(5)：95-112.

[124] 张励，卢光盛. "水外交"视角下的中国和下湄公河国家跨界水资源合作. 东南亚研究，2015，(1)：42-50.

[125] 张励. 水外交：中国与湄公河国家跨界水合作及战略布局[J]. 国际关系研究，2014(04)：25-36，152-153.

[126] 张励. 水资源与澜湄国家命运共同体[J]. 国际展望，2019，11(04)：61-78＋154-155.

[127] 张锡镇. 中国参与大湄公河次区域合作的进展、障碍与出路[J]. 南洋问题研究，2007，(03)：1-10.

[128] 长江勘测规划设计研究有限责任公司. 柬埔寨国家水资源综合规划纲要[R]. 武汉：长江勘测规划设计研究有限责任公司，2019.

[129] 长江水利委员会国际合作与科技局. 湄公河开发利用与管理. 武汉：长江出版社，2016.

[130] 赵萍，汤洁，尹笋. 湄公河流域水资源开发利用现状[J]. 水利经济，2017，35(4)：55-58 ＋ 77-78.

[131] 中华人民共和国水利部，湄公河委员会. 中国向湄公河应急补水效果联合评估[R]. 2016.

[132] 钟华平,王建生. 湄公河干流径流变化及其对下游的影响[J]. 水利水运工程学报,2011(03):48-52.

[133] 钟勇,刘慧,田富强,等. 跨界河流合作中的囚徒困境与合作进化的实现途径[J]. 水利学报,2016,47(05):685-692.

[134] 周海炜,郑爱翔,胡兴球. 多学科视角下的国际河流合作开发国外研究及比较[J]. 资源科学,2013 35(07):1363-1372.

[135] 周婷. 澜沧江—湄公河流域气象干旱时空分布特征分析[J]. 水电能源科学,2011,29(06):4-8.

图书在版编目（CIP）数据

澜湄水资源合作交流与示范 / 周智伟等著. -- 武汉：长江出版社，2024.9

（澜湄水资源合作研究丛书）

ISBN 978-7-5492-8727-7

Ⅰ. ①澜… Ⅱ. ①周… Ⅲ. ①澜沧江－流域－水资源管理－国际合作－研究②湄公河－流域－水资源管理－国际合作－研究 Ⅳ. ① TV213.4

中国国家版本馆 CIP 数据核字 (2023) 第 043457 号

澜湄水资源合作交流与示范

LANMEISHUIZIYUANHEZUOJIAOLIUYUSHIFAN

周智伟等　著

责任编辑： 江南

装帧设计： 彭微

出版发行： 长江出版社

地　　址： 武汉市江岸区解放大道 1863 号

邮　　编： 430010

网　　址： https://www.cjpress.cn

电　　话： 027-82926557（总编室）

027-82926806（市场营销部）

经　　销： 各地新华书店

印　　刷： 湖北金港彩印有限公司

规　　格： 787mm×1092mm

开　　本： 16

印　　张： 11.25

彩　　页： 4

字　　数： 261 千字

版　　次： 2024 年 9 月第 1 版

印　　次： 2024 年 9 月第 1 次

书　　号： ISBN 978-7-5492-8727-7

定　　价： 108.00 元

（版权所有　翻版必究　印装有误　负责调换）